Self Travel Guide 지금, 여행 시리즈 Planner Stickers

모바일 지도 서비스

여행 가이드북 〈지금, 시리즈〉에 수록된 관광 명소들이
구글 맵 속으로 쏙 들어갔다.

http://map.nexusbook.com/now/

**“지금 QR 코드를 스캔하면
여행이 훨씬 더 가벼워진다.”**

플래닝북스에서 제공하는 모바일 지도 서비스는
구글 맵을 연동하여 서비스를 제공합니다.
구글을 서비스하지 않는 지역에서는 사용이 제한될 수 있습니다.

지도 서비스 사용 방법

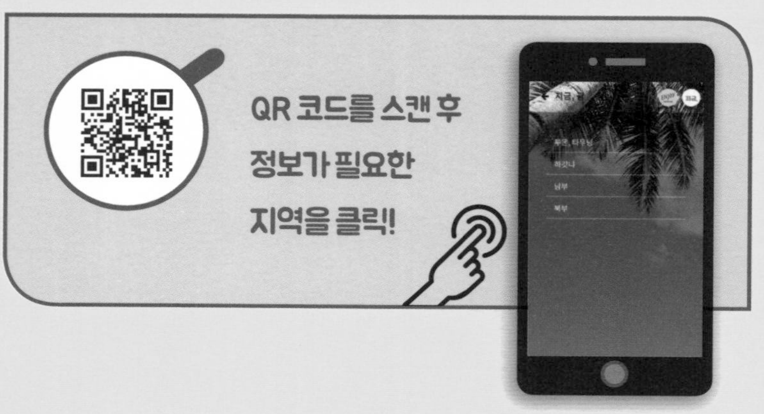
QR 코드를 스캔 후
정보가 필요한
지역을 클릭!

지금, 괌
1 지역 목록 보기
2 관광 명소 목록 보기
3 친구와 지도 공유하기
투몬, 타무닝
4 지도 전체 화면
구글 지도앱 보기
5 구글 지도 앱으로 연동하여
지도 서비스 이용하기

지금, 괌

지금, 괌

지은이 오상용·성경민
펴낸이 임상진
펴낸곳 (주)넥서스

초판 1쇄 발행 2017년 9월 10일
초판 2쇄 발행 2017년 9월 15일

2판 1쇄 발행 2018년 11월 10일
2판 2쇄 발행 2018년 11월 15일

3판 1쇄 발행 2020년 2월 28일

4판 1쇄 인쇄 2022년 6월 27일
4판 1쇄 발행 2022년 7월 4일

출판신고 1992년 4월 3일 제311-2002-2호
주소 10880 경기도 파주시 지목로 5(신촌동)
전화 (02)330-5500 팩스 (02)330-5555

ISBN 979-11-6683-307-6 13980

www.nexusbook.com

Explore the City

지금, 괌

Travel guide

오상용

코로나19로 굳게 닫혔던 여행길이 드디어 열렸습니다. 오랜만에 개정 작업을 하면서 그립고 그리웠던 휴양지 괌을 다시 만나는 꿈만 같은 시간이었습니다. 책 가득 괌의 최신 정보를 담아 놓았으니 《지금, 괌》을 통해 사랑하는 사람과 꿈같은 시간을 보내시길 기원합니다

개정 작업에 있어 바쁜 시간에도 현장 취재와 인터뷰를 진행한 성경민 작가, 《지금, 괌》 초고를 작성할 때 인연이 되어 이번 개정 작업에도 많은 도움을 주신 PHR코리아, 호텔 닛코 괌의 전은하 차장님과 BG Toursd의 Annie 대리님, 그리고 무엇보다 꼼꼼히 체크해 주시고 빠른 개정 작업이 될 수 있도록 도와주신 권근희 편집장님께 감사함을 전합니다.

* 《지금, 괌》은 독자 여러분들의 의견을 받아 지속적인 업그레이드를 진행하겠습니다. 책은 물론 괌 여행에 대한 의견이 있으시면 언제든지 연락 바랍니다. 《지금, 괌》의 소통 채널은 24시간 열려 있습니다.

성경민

코로나19 이후 여행 작가로서의 삶은 잠시 멈추고, 변화하는 세상에 저를 끼워 맞추기 위해서 이리저리로 달려 왔습니다. 지난 3년간의 저를 돌이켜 보면 다양한 사람들과 기회를 만났고 그럭저럭 잘 적응해 왔다고 생각합니다. 하지만 멋진 풍경을 보거나 맛있는 음식을 먹을 때면 문득 멈춰 두었던 여행 작가로서의 삶을 돌아보게 되는 것은 어쩔 수 없었습니다. 그래서였던 것 같습니다. 괌 여행이 가능해졌다는 소식을 듣고 조금 무리를 해서라도 멈춰 두었던 여행 작가로서의 삶으로 몇 달간 돌아가기로 결정했던 것은.

오랜만에 찾은 괌은 여전히 시리도록 파란 하늘과 바다를 품고 있었습니다. 하지만 취재를 하면서 괌의 주민들과 관광 기업들이 보내야 했던 지난 2년이 실감되었습니다. 번화했던 거리는 조금 한산해졌고, 여행자들로 가득 차 있던 바다는 조용해졌습니다. 이번 개정판은 새롭게 생긴 곳보다는 더 이상 볼 수 없는 곳들을 정리하게 된 조금 쓸쓸한 개정판입니다. 그러나 많지 않지만 새롭게 단장한 곳과 새로운 6성급 호텔도 있었고, 취재 과정에서 만난 사장님들 또한 예전의 괌으로 돌아가기 위해 노력하고 계셔서 다음 개정 작업이 벌써부터 기대됩니다.

이번 개정 작업은 현업과 병행해야 했기 때문에 이전보다 더 많은 도움이 필요했습니다. 가장 먼저 저의 오랜 여행 파트너이자 인생 선배인 배낭돌이 형에게 감사 인사를 전합니다. 괌의 새로운 스폿과 최신 정보를 찾는 데 도움을 준 현나와 저 대신 스튜디오를 지켜 준 Jay 또한 이 자리를 빌어 감사하다고 말하고 싶습니다. 마지막으로 이 책이 세상에 나오게 될 수 있게 만들어주신 권근희 편집장님과 넥서스 출판사에도 감사 인사를 전합니다.

저처럼 코로나19로 인해 잠시 멈추어 있던 모든 여행자들이 새로운 여행을 시작하는 데 이 책이 도움이 되었으면 좋겠습니다. 감사합니다.

미리 떠나는 여행 1부. 프리뷰 괌

여행을 떠나기 전에 그곳이 어떤 곳인지 살펴보면 더 많은 것을 경험할 수 있다. 괌 여행을 더욱 알차게 준비할 수 있도록 필요한 기본 정보를 전달한다.

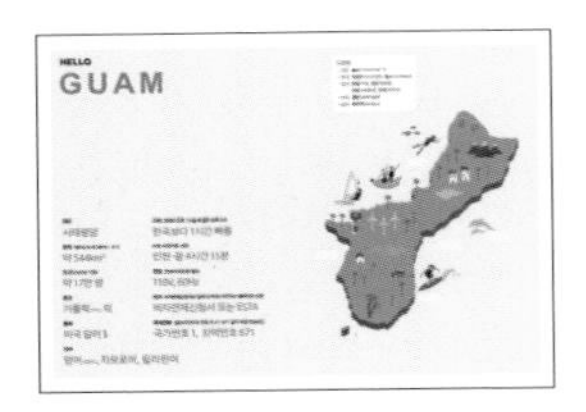

01. 인포그래픽에서는 한눈에 괌의 기본 정보를 익힐 수 있도록 그림으로 정리했다. 언어, 시차 등 알면 여행에 도움이 될 간단한 정보들을 담았다.

02. 기본 정보에서는 여행을 떠나기 전 괌에 대한 기본 공부를 할 수 있다. 알아 두면 여행이 더욱 재미있어지는 괌의 역사와 문화, 휴일, 날씨, 여행 포인트 등 흥미로운 읽을거리를 담았다.

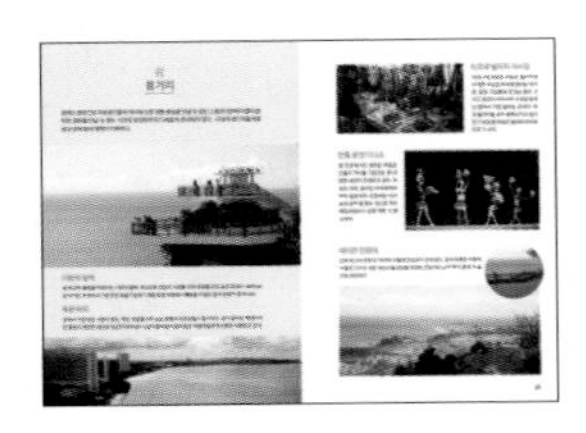

03. 트래블 버킷 리스트에서는 후회 없는 괌 여행을 위한 핵심을 분야별로 선별해 소개한다. 먹고 즐기고 쇼핑하기에 좋은 다양한 버킷 리스트를 제시해 더욱 현명한 여행이 될 수 있도록 안내한다.

지도에서 사용된 아이콘

관광 명소	레스토랑	카페	쇼핑	호텔
스파 숍	바	시장	해변	박물관
우체국	학교	공원	공항	기타

알고 떠나는 여행 **2부. 헬로 괌**

여행 준비부터 구체적인 여행지 정보까지, 본격적으로 여행을 떠나기 위해 필요한 정보들을 담았다. 자신의 스타일에 맞는 여행을 계획할 수 있다.

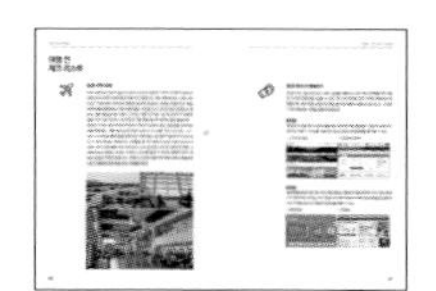

01. HOW TO GO 괌에서는 여행 전에 마지막으로 체크해야 할 리스트를 제시하여 완벽한 여행 준비를 도와준다. 인천국제공항에서 안토니오 B.원 팻 공항까지의 출입국 과정과 주의해야 할 사항, 괌의 교통 정보까지 제공하고 있다. 알고 있으면 여행이 편해지는 베테랑 여행가의 팁도 알차게 담았다.

02. 추천 코스에서는 몸과 마음이 가벼운 여행이 될 수 있도록 최적의 괌 여행 코스를 소개한다. 괌 여행 전문가가 동행과 여행 스타일을 고려한 다양한 코스를 짰다. 한 권의 책으로 열 명의 가이드 부럽지 않은, 만족도 높은 여행이 될 것이다.

03. 지역 여행에서는 본격적인 괌 여행이 시작된다. 지역별로 관광, 식당, 카페, 쇼핑몰, 스파 등 놓쳐서는 안 될 포인트들을 최신 정보로 자세하게 설명하고 있어 여행 시 찾아보기 유용하다. 아무런 계획이 없어도《지금, 괌》만 있다면 지금 당장 떠나도 문제없다.

04. 추천 숙소에서는 최고의 서비스를 자랑하는 4~5성급 호텔부터 럭셔리한 리조트까지 괌의 다양한 숙소를 소개한다. 또한 숙소를 잡을 때 필요한 팁까지 알려 주어 후회 없는 숙소 선택을 도와준다.

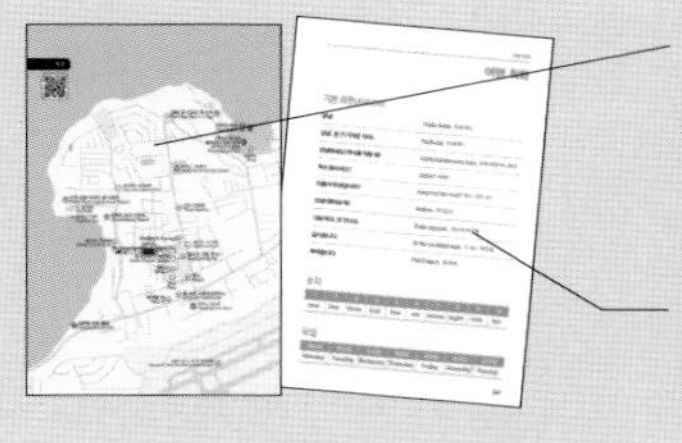

지도 보기 각 지역의 주요 관광지와 맛집, 상점 등을 표시해 두었다. 또한 종이 지도의 한계를 넘어서, 디지털의 편리함을 이용하고자 하는 사람은 해당 지도 옆 QR코드를 활용해 보자. 구글맵 어플로 연동되어 스마트하게 여행을 즐길 수 있다.

여행 회화 활용하기 여행을 하면서 그 지역의 언어를 해 보는 것도 색다른 경험이다. 여행지에서 최소한 필요한 회화들을 모았다.

contents

프리뷰
괌

헬로 괌

01. HOW TO GO 괌

02. 추천 코스

03. 지역 여행

04. 추천 숙소

부록

프리뷰
PREVIEW
괌

01. 인포그래픽

02. 기본 정보

괌 역사
괌 날씨
괌 휴일
괌 여행 포인트

03. 트래블 버킷 리스트

괌 볼거리
괌 즐길 거리
괌 먹거리
괌 쇼핑 리스트
미리 체험하는 괌의 명소들

HELLO

GUAM

위치

서태평양

면적 제주도의 약 3분의 1 크기

약 544km²

인구(2020년 기준)

약 17만 명

종교

가톨릭(75%) 외

통화

미국 달러 $

언어

영어(공용어), 차모로어, 필리핀어

시차 한국이 오후 1시일 때 괌은 오후 2시

한국보다 1시간 빠름

비행 시간(직항 기준)

인천-괌 4시간 15분

전압 컨버터(돼지코) 필요

110V, 60Hz

비자 비자면제신청서는 입국 시 작성 / ESTA는 홈페이지 신청

비자면제신청서 또는 ESTA

국제전화 심(SIM)카드로 전화 시 +1-671 없이 로컬 번호로만

국가번호 1, 지역번호 671

도량형

- 기온 **화씨** Fahrenheit(°F)
- 무게 **파운드** pound(lb), **온스** ounce(oz)
- 길이 **마일** mile, **피트** feet(ft),
  야드 yard(yd), **인치** inch(in)
- 부피 **갤런** gallon(gal)
- 넓이 **에이커** acre(ac)

GUAM
기본 정보

여행지에 대해 알고 떠나면 여행이 더 알차고 즐거워진다. 역사, 날씨, 휴일, 여행 포인트 등 괌에 대해 알아본다.

괌
역사

태평양 한복판에 우뚝 솟아 있는 작은 섬 괌. 투명한 옥빛 해변과 수평선에 살짝 걸쳐 있는 뭉게구름, 따뜻한 햇살과 부서진 산호 조각이 가득한 해변을 품고 있는 괌은 한국인과 일본인이 가장 사랑하는 휴양지 중 하나로 꼽힌다. 한국에서 비행기로 4시간 15분(직항 기준)이면 도착하며 온화한 기후를 사계절 내내 느낄 수 있다.
하지만 이렇게 아름답게만 보이는 섬 괌도 외관과

는 다르게 아픈 상처를 지니고 있다. 기원전 21세기부터 1512년 포르투갈 항해사 페르디난드 마젤란이 괌을 발견하기 전까지 거주하던 원주민이 있었는데, 지금의 차모로족은 그때 세상에 알려졌다. 그리고 약 150년 후인 1668년 산 비토레스 신부의 도착과 함께 이 섬은 이후 1898년까지 스페인의 지배를 겪었다. 필리핀과 멕시코를 오가는 상선들의 휴게소 역할을 하던 괌은 이 시기에 많은 필리핀인과 멕시코인이 거주하면서 문화적, 인종적으로 다양한 영향을 받았다. 이후 미국 – 일본 – 미국으로 이어지는 기나긴 전쟁과 수탈의 역사를 지나 1944년 괌은 마침내 미국령으로서 자리 잡게 됐다. 현재 괌의 원주민들은 미국 시민권을 발급받고 미국인으로서 살고 있다. 국민 투표로 선출된 괌 지사와 15인의 국회가 정치와 행정을 맡고 있고, 미국 하원의 대의원을 한 사람 선출할 수 있다. 상원은 불가능하다.

괌 날씨

괌은 1년 내내 한여름 같은 평균 최고 기온 30도 안팎의 더운 날씨를 유지한다. 최저 기온 24도, 최고 기온 32도 정도로 해수욕에 적합한 기온이 365일 이어지기 때문에 해수욕을 즐기고 싶은 여행자라면 언제든 괌을 방문해도 좋다. 특히 우리나라가 겨울인 12월부터 2월까지의 괌은 아주 덥지도 않고 건조하다. 동남아시아의 후텁지근한 더위가 주는 불쾌지수를 걱정할 필요가 없다. 따뜻함에 가까운 더위라 특히 겨울 시즌이 극성수기다. 7월부터 11월까지는 우기고 평균 일조량이 적어 날씨 자체로는 매력적이지 않다.

그러나 괌의 날씨가 덥다고 무조건 반팔과 민소매 옷만 챙겨 간다면 오산이다. 거의 모든 건물에 에어컨이 설치돼 있기 때문에 백화점이나 공항, 버스 등은 시원하다 못해 추울 지경이니, 가볍게 걸칠 수 있는 얇은 카디건이나 셔츠를 챙겨 가는 센스가 필요하다. 갑작스레 폭이 커진 일교차로 감기에 걸리는 여행자도 부지기수니 황금 같은 휴가 기간의 건강 관리에 유의하자.

구분	1월	2월	3월	4월	5월	6월	7월	8월	9월	10월	11월	12월
테마	극성수기		준성수기				성수기		비수기			극성수기
기후	건기						우기					건기
평균 기온	26.8	26.7	27	27.5	27.8	28.1	27.8	27.6	27.8	27.7	27.3	27.5
강수량	113	95	76	99	154	164	268	349	343	307	208	137
일조량	5h56'	6h43'	8h30'	8h18'	7h52'	8h06'	5h38'	5h46'	5h08'	5h25'	6h18'	5h54'

푸른 바다와 쨍한 날씨 그리고 떠다니는 뭉게구름을 생각하고 괌을 여행하려는 사람이라면 일조량이 가장 풍부한 3월에서 6월까지가 적기다. 학생들의 개학 기간에 맞물려 학부모들은 여행 시기가 신경 쓰일 수 있지만 그 밖의 여행자들은 온화한 기온과 긴 일조 시간, 적은 강수량 그리고 저렴한 비행기 가격 등 괌 여행 최적의 조건을 만날 수 있다.

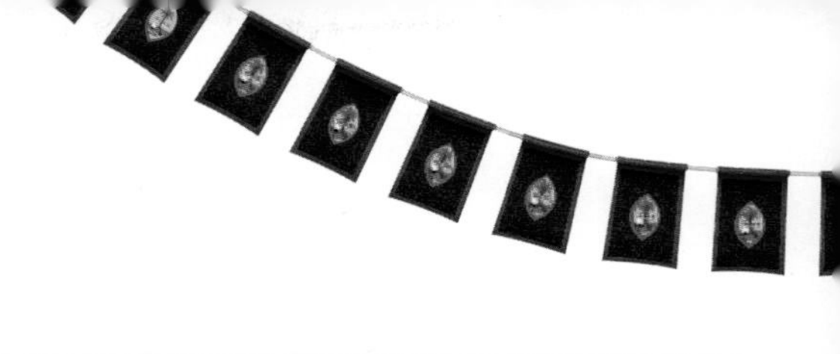

괌 휴일

명칭	날짜	참고
신정 New Years Day	1월 1일	새해를 기념하는 날
킹 목사 탄신일 Martin Luther King Jr. Day	1월의 세 번째 월요일	흑인 인권과 인종 차별 철폐 운동의 지도자였던 흑인 목사 마틴 루터 킹을 기념하는 날
대통령의 날 President's Day	2월 세 번째 월요일	미국 건국의 아버지(대통령)을 기념하는 날
괌 발견의 날 Mes Chamoru and Discovery Day	3월 첫 번째 월요일	괌 발견을 기념하는 날
현충일 Memorial Day	5월 마지막 월요일	과거 미국이 참전한 전쟁에서 전사한 장병들과 미국을 위하여 봉사하다 사망한 모든 사람을 추모하는 날
독립 기념일 Independence Day	7월 4일	1776년 7월 4일 독립 선언문에 서명한 날을 기념하는 날
괌 해방 기념일 Liberation Day	7월 21일	일본군 점령에서 해방되고 미국 통치로 돌아간 것을 기념하는 날
노동절 Labor Day	9월 첫 번째 월요일	노동자들에게 감사하는 날
콜럼버스 데이 Columbus Day	10월 두 번째 월요일	1492년 10월 12일 이탈리아 탐험가 크리스토퍼 콜럼버스가 처음으로 신대륙에 상륙한 것을 기념하는 날
재향 군인의 날 Veterans Day	11월 11일	제1차 세계 대전에 참전했던 미군 병사들을 추모하기 위한 날
추수 감사절 Thanksgiving Day	11월 네 번째 목요일	한 해 동안 추수한 곡식들에 감사하는 마음을 가지고, 과거 선조들의 정신을 잇기 위한 날
블랙 프라이데이 Black Friday	추수감사절 다음 날	공식 휴일은 아니지만 백화점에서 대대적인 세일을 하는 기간이기 때문에 한국 여행자들도 많이 찾는 기간
성탄절 Christmas Day	12월 25일	예수의 탄생을 기념하는 날

괌
여행 포인트

❶
투몬

위치상 중서부에 있는 투몬 지역에는, 괌이 관광지로 세상에 알려지기 전부터 이미 전략적 요충지였던 차모로 마을이 자리 잡고 있었다. 휴양지로 명성을 얻은 후에는 호화 리조트부터 레스토랑, 백화점, 나이트클럽 등 관광객들을 위한 편의 시설이 집중적으로 생겨 괌 여행의 심장부로 이름을 알리게 됐다. 괌 국제공항과 투몬 시내가 10분 정도 거리에 있어 접근성도 좋고, 뚜벅이 여행자들을 위한 셔틀버스도 끊임없이 돌아다니기 때문에 괌 여행을 온 여행자 90% 이상이 투몬 지역에서 머문다고 해도 과언이 아니다. 휴양, 쇼핑, 액티비티, 유흥 등 모든 것을 즐길 수 있는 투몬은 괌 여행의 시작과 끝을 장식하니 가장 자세하게 공부해야 할 지역이다.

❷
하갓냐

괌의 주도 하갓냐는 과거 스페인 식민 시절부터 지금까지의 괌 역사에서 가장 중요한 지역으로 꼽힌다. 그림 같은 풍경을 지닌 주지사 관저부터 다양한 행정 시설이 몰려 있어 투몬 지역보다는 여행자 비율이 떨어지지만 그만큼 현지인 비율이 높은 지역이다. 특히 차모로인의 문화를 체험할 수 있는 차모로 빌리지에서 수요일 밤마다 열리는 차모로 빌리지 야시장은 괌에서 가장 많은 여행자가 모이는 행사로 유명세를 타고 있다. 투몬 지역에 비해 한산하지만 투몬 지역에서 맛집이라고 소문난 레스토랑의 본점과 분점이 있어 오히려 여유롭게 식사하고 산책하기에 투몬보다 더 좋다. 다만 숙소나 액티비티 시설이 부족하니 반나절 정도만 둘러보는 것을 추천한다.

자연환경, 문화, 지역, 쇼핑, 교통, 액티비티 등 괌의 여러 장점들 중 여행자들이 가장 첫 번째로 꼽는 것은 바로 자연환경이다. 적도 근처에 있는 탓에 365일 따뜻한 태양을 만날 수 있어 겨울에 특히 인기가 많다. 무엇보다 주변에 오염원이 전혀 없고 선선한 바람이 끊임없이 부는 탓에 황사와 미세 먼지로 고생하는 한국에서는 꿈도 못 꾸는 신선한 공기를 마음껏 마실 수 있다. 괌 해변은 산호로 둘러싸여 있어 얕은 바다와 온화한 파도 덕분에 해수욕이 특화돼 있고, 산호가 부서져 생긴 별 모양의 모래를 만날 수 있다.
차모로, 스페인, 필리핀, 멕시코 문화에 영향을 받은 괌에서는 아시아와 남미 음식을 다양하게 즐길 수 있다. 또한 미국령답게 괌의 바비큐는 미국 본토인들도 엄지손가락을 들 정도로 뛰어난 맛을 자랑한다. 대부분의 맛집은 여행자들을 위한 편의 시설이 몰려 있는 투몬 지역에 있지만, 하갓냐와 남부 지역에도 유명한 맛집들이 많으니 취향과 일정에 맞춰 맛집을 찾아보자. 특히 투몬 지역은 타미힐피거나, 폴로 등 중고가 명품을 싸게 살 수 있고 품질 좋은 제품을 만날 수 있는 쇼핑몰이 몰려 있어, 쇼핑을 좋아하는 여행자라면 미리 위치를 알아 두고 쿠폰을 준비하는 것이 필수다.

Tip.
괌 치안은 비교적 안전한 편에 속하나 다른 휴양지와 마찬가지로 늦은 시간에는 외출을 삼가는 것이 좋다. 팁 문화가 있는 지역인 만큼 요금이나 가격의 10% 정도는 현금으로 팁을 제공하도록 하자. 괌 수돗물에는 석회질이 많으니 음용은 금지다. 전 지역이 택스프리Tax-free 지역이니 따로 택스 환급 절차는 필요 없다.

남부

투몬과 하갓냐 지역이 도심형 여행지라면 남부 지역은 괌의 원시 자연을 느낄 수 있는 자연환경이 인상적인 지역이다. 개발의 손길이 미치지 않은 지역이기 때문에 과거 차모로인들의 마을이 비교적 잘 보존돼 있고, 스페인 점령 시절을 연상시키는 스페인 양식의 건물도 주요 볼거리 중 하나다. 쇼핑이나 숙박 시설은 거의 전무할 정도지만 지역마다 특색 있는 맛집과 액티비티를 즐길 수 있는 장소가 있으니 3박 이상을 계획하는 여행자라면 반나절에서 한나절 정도를 투자해도 좋다. 교통이 불편하기 때문에 남부 투어 상품을 구입하거나, 렌터카로 가야 한다는 점도 참고하자.

북부

북부 지역은 남부 지역보다도 개발이 덜 된 지역으로, 많은 여행자가 찾는 곳은 아니지만 그만큼 가장 맑은 물과 수중 생태계를 자랑한다. 앤더슨 공군기지 때문에 많은 지역이 민간인 출입 통제 구역이지만, 괌에서 가장 아름다운 물빛을 자랑한다는 리티디안 비치는 가는 길이 오프로드임에도 불구하고 많은 사람이 찾는 해수욕장으로 알려져 있다. 숙박, 쇼핑, 맛집이 없는 곳이기 때문에 가기 전에 미리 도시락을 챙겨 가거나 북부에 있는 액티비티 업체에 미리 예약하고 가는 것을 추천한다.

GUAM
트래블
버킷 리스트
어디나 그 지역을 대표하는 것들이 있다. 볼거리, 즐길 거리, 먹거리 등 괌에서 놓치면 안 되는 것들을 쏙쏙 뽑았다.

괌
볼거리

괌에는 원주민인 차모로인들의 역사와 오랜 전통 풍습을 만날 수 있는 스폿에서부터 아름다운 자연 경관을 만날 수 있는 시크릿 포인트까지 다채롭게 준비되어 있다. 시내에서만 머물기엔 섬 곳곳에 괌의 매력이 가득하다.

사랑의 절벽

괌 최고의 절경을 자랑하는 사랑의 절벽. 차모로족 연인이 사랑을 위해 목숨을 던진 슬픈 전설이 내려오는 곳이지만, 투몬에서 가장 멋진 뷰를 자랑하기 때문에 괌 여행에서 빼놓을 수 없는 필수 관광지 중 하나다.

투몬 비치

괌에서 가장 많은 사람이 찾는 해변. 해변을 마주 보는 호텔과 리조트들이 즐비하다. 많이 붐비는 해변이지만 충분히 깨끗한 해변과 다양한 액티비티 시설이 준비되어 있어 많은 여행자들에게 꾸준히 사랑받고 있다.

차모로 빌리지 야시장

하갓냐에 위치한 차모로 빌리지에서 매주 수요일 저녁에 열리는 야시장. 값싼 기념품과 맛있는 음식 그리고 공연이 어우러져 수요일 밤에는 괌에서 가장 붐비는 곳이다. 맛과 볼거리를 모두 충족시키고 싶다면 수요일 밤 차모로 빌리지 야시장으로 가 보자.

전통 공연 디너쇼

괌 곳곳에서는 원주민 차모로인들의 역사를 기반으로 한 다양한 공연이 진행되고 있다. 차모로 대표 음식인 바비큐에서부터 음료까지 포함하는 디너쇼의 경우 괌 필수 코스로 자리매김하였으니 일정 계획 시 참고하자.

세티만 전망대

남부 최고의 전망대. 우마탁 마을에 진입하기 전에 있다. 괌의 독특한 지형과 식물군 그리고 멋진 해안선을 감상할 수있는 전망대로 남부 투어 중에 꼭 들르는 포인트다.

리티디안 포인트

괌 북부에 위치한 해변으로, 괌에서 가장 아름다운 바다의 색을 자랑하며 산호가 부서져 만들어진 별 모래로 유명한 곳이다. 렌터카 없이 가기 힘든 곳이지만 고즈넉하고 아름다운 해변을 찾는 여행자라면 꼭 한 번 들러 볼 만한 스폿이다.

플레저 아일랜드

여행자들을 위한 투몬 지역 내에서도 가장 화려하고 볼거리가 많은 지역이다. 맛집과 공연장, 쇼핑몰, 호텔 등 대부분의 편의 시설과 유흥 시설이 몰려 있어 괌에서 가장 복잡한 거리로 알려져 있다.

석양

대부분의 숙소나 시설이 서쪽 해변에 몰려 있기 때문에 괌 여행에서 빼놓지 않고 꼽는 절경은 바로 석양이다. 전망 좋은 사랑의 절벽에서 감상하거나 해변에서 맥주 한 병 놓고 그저 석양을 봐도 마냥 아름답고 좋기 때문에 1일 1석양 감상 시간은 꼭 갖도록 하자.

돌핀 크루즈

야생의 돌고래를 만날 수 있는 돌핀 크루즈는 괌 액티비티 중에서도 가장 많은 업체와 수요를 자랑한다. 크루즈를 하며 먹는 신선한 참치회는 한국에서 느낄 수 없는 색다른 맛이다.

우마탁 마을

스페인의 흔적이 남아 있는 차모로 마을로, 괌에 처음으로 도착한 외부인 페르디난드 마젤란이 처음 상륙했던 곳이어서 더욱 의미가 깊다.

솔레다드 요새

우마탁 마을 맞은편 언덕에 위치한 요새다. 스페인어로 '고독한 수려'라는 뜻을 가진 곳으로, 1810년도에 지어진 곳이다. 우마탁 마을을 비롯해 아름다운 바다 풍경을 볼 수 있다.

산타 아구에다 요새

1671년 스페인 군대가 만든 요새다. 라테 스톤 공원 언덕에 위치한 곳으로, 하갓냐 시내를 볼 수 있는 전망대이자 야경 포인트로 알려져 있다.

괌

즐길 거리

한국인이 사랑하는 인기 휴양지 랭킹에서 늘 상위에 손꼽히는 괌. 신나는 액티비티는 물론, 쇼핑과 자연 풀장까지 즐길 거리가 가득하다. 휴양 천국이라 불리는 괌의 매력에 빠져 보자.

해양 스포츠

바다로 둘러싸인 괌은 해양 스포츠의 천국이다. 스노클링부터 다이빙, 제트 스키, 패러세일링까지 다양한 해양 스포츠를 즐길 수 있으니 취향과 기간에 맞게 즐기면 된다.

선셋 크루즈

석양이 아름다운 괌에서 석양을 즐길 수 있는 최고의 방법은 바로 선셋 크루즈다. 날씨와 일몰 시간에 따라 출발하는 부두는 다르지만 크루즈에서 푸짐한 뷔페식 식사를 즐기고 음악을 듣다 보면 어느새 바다 한가운데 지고 있는 일몰을 볼 수 있다. 운이 좋으면 돌고래와 상어도 볼 수 있으니 눈을 크게 뜨고 주변을 살펴보자.

비치 카페

해변을 즐기는 가장 편하고 즐거운 방법 중 하나인 비치 카페. 술뿐만 아니라 커피, 음료, 음식들도 팔고 있는 다양한 레스토랑 & 바가 즐비해 있다. 해변마다 하나씩은 있으니 여유롭게 괌의 해변을 즐겨 보자.

선셋 바비큐

바비큐 음식으로 유명한 괌은 매일 저녁 여행자들을 위해 호텔이나 대형 레스토랑에서 선셋 바비큐를 운영한다. 대부분의 선셋 바비큐는 차모로 전통 공연과 함께 진행되는데 열정적인 춤과 음악과 함께 먹는 바비큐는 한 번쯤 경험해 봐도 좋다.

조깅

괌에서는 아침 일찍 투몬 거리와 해변을 달리는 사람들을 많이 볼 수 있다. 잘 포장된 도로와 깨끗하고 한산한 해변 덕분에 활기찬 아침을 시작하는 데 조깅만큼 좋은 것이 없다. 호텔에 따라 조깅화를 빌려 주는 곳도 있으니 참고하자.

스노클링

산호밭으로 둘러싸인 괌 해변의 특성상 수심이 얕아서 남녀노소 누구나 부담 없이 스노클링을 즐길 수 있다. 호텔이나 액티비티 업체에서 스노클링 장비를 대여하거나 한국이나 괌에서 직접 사서 할 수 있다. 산호가 날카롭기 때문에 아쿠아 슈즈는 필수다.

드라이브

남부 해안 도로를 자동차 타고 달리는 것은 괌에서 빼놓을 수 없는 체험 중 하나가 될 것이다. 우측에 해변을 끼고 야자수가 늘어서 있는 남부 해안 도로를 운전하다 보면 어느새 마음이 뻥 뚫리는 느낌이 들 것이다.

언더워터 월드

수중 터널을 지나가며 괌의 해양 생물을 만날 수 있는 언더워터 월드 아쿠아리움. 공기가 나오는 헬멧을 쓰고 아쿠아리움 속으로 들어가 고래와 상어들을 눈앞에서 볼 수 있는 시 트렉Sea trek도 해 볼 만하다.

이나라한 자연 풀장

산호로 둘러싸여 자연스럽게 풀장처럼 형성된 이나라한 자연 풀장. 파도가 치지 않아 마치 경치 좋은 수영장에 온 것 같은 분위기를 준다. 물도 깨끗하고 물고기도 많이 살아서 아이들과 스노클링하기에 좋다.

K마트

우리나라 이마트와 비슷한 쇼핑몰로 24시간 운영하고 있으며 다양한 미국산 물건들을 구매할 수 있어 여행자들에게 인기를 끌고 있다. 간식이나 기념품부터 가전제품, 유아용품까지 다양한 물건을 취급하기 때문에 괌 여행 중 한 번쯤 들러 봐도 좋다.

괌 프리미어 아웃렛

괌 프리미어 아웃렛Guam Premier Outlet은 한국 여행자들이 괌 여행 시 무조건 한 번은 들르는 최고의 쇼핑 스폿이다. 타미힐피거, 폴로, 갭, 리바이스, 나이키 등 한국에서 가격대가 어느 정도 있는 물건들을 저렴한 가격에 득템할 수 있기 때문에 쇼핑을 안 좋아하는 여행자들도 한 번쯤 들러 볼 만하다.

마이크로네시아 몰

마이크로네시아 몰은 괌 최대의 쇼핑몰인 데다가 명품 백화점 메이시스Macy's를 품고 있어 쇼핑족들의 필수 방문 장소 중 하나로 자리 잡았다. 내부 식당과 큰 규모의 놀이 시설 그리고 다양한 상점이 입점해 있어 아이들과 함께 방문해도 좋다. 입구에서 10% 할인 쿠폰을 제공하니 잊지 말자.

로스

창고형 아웃렛 쇼핑의 끝판왕 로스ROSS. 괌 프리미어 아웃렛 1호점과 마이크로네시아 몰 2호점에 있다. 샘소나이트 캐리어부터 다양한 명품 의류가 품목과 사이즈별로 진열돼 있다. 한국에서는 절대 볼 수 없는 가격의 아이템을 발굴(?)하는 재미가 있다. 하지만 방대한 매장과 엄청난 상품 가짓수 때문에 작정하고 쇼핑하려면 한나절이 걸린다.

괌
먹거리

우리의 입맛에도 잘 맞는 괌 원주민 차모로인들의 전통 음식을 파는 식당부터 미국 본토의 인기 레스토랑과 호텔 내 고급 레스토랑까지 즐비한 괌에서 미식의 세계에 빠져 보자.

레드 라이스 Red Rice

괌 축제 음식에서 빼놓을 수 없는 레드 라이스는 열대 지역에서 자라는 아초테Archote라는 식물의 씨인 아나토에서 얻는 색소 가루와 베이컨 기름, 후추 등을 안남미와 함께 쪄서 나오는 밥이다. 약간 기름지지만 한국인 입맛에도 잘 맞아 많은 여행자가 바비큐와 곁들여 먹는 대표적인 차모로 음식이다.

치킨 켈라구엔 Chicken Kelaguen

잘게 썬 닭고기에 레몬즙, 소금, 다진 코코넛과 매운 붉은 고추를 버무린 차모로 전통 요리로, 레드 라이스와 함께 나오는 필수 메뉴 중 하나다. 맛이 담백하고 알싸해서 느끼한 음식과 곁들여 먹기 좋다.

바비큐 BBQ

괌에서 빼놓을 수 없는 메뉴는 단연코 바비큐다. 미국식 바비큐도 괜찮지만 차모로식 바비큐는 특히 우리나라 사람의 입맛에 잘 맞는 편이다. 간장과 식초로 3~4시간 정도 재운 후 석쇠에 굽는 립이나 치킨, 해물은 마치 우리나라의 양념갈비를 먹는 듯한 착각을 일으킬 정도의 맛이다. 양도 푸짐하다.

피나딘 소스
Finadene Sauce

간장, 레몬즙, 양파, 파를 섞어서 만든 차모로인들의 소스로, 시큼하고 매콤하고 짭짤한 맛을 자랑한다. 주로 레드 라이스에 조금씩 뿌려서 먹거나 바비큐에 뿌려 먹으면 느끼함을 잡아 주어 더욱 맛있게 먹을 수 있다. 독특한 맛 때문에 호불호가 갈리는 소스이니 참고하자.

코코넛 크랩 Coconut Crab

TV에서도 여러 번 소개돼 한국 여행자들에게도 인기를 끌고 있는 코코넛 크랩. 육지에 사는 게이기 때문에 비린내도 없고 내장도 맛있어 최근 많은 사랑을 받고 있다. 하지만 가격대가 비싸고 생각보다 살코기가 적어 실망하는 여행자도 있으니 참고하자.

아피기기 Apigigi

버블티에 들어가는 타피오카 전분에 코코넛 밀크와 설탕을 넣어 반죽한 차모로식 떡 아피기기. 바나나 잎에 싸서 구워 내기 때문에 이국적인 향과 달콤한 맛에 남녀노소 누구나 좋아하는 건강한 간식으로 인기가 많다.

해산물 Seefood

유명한 레스토랑은 물론 현지 음식을 판매하는 식당에서도 괌 근처 해안에서 잡히는 해산물을 즐길 수 있다. 살짝 아쉬운 것은, 튀기거나 굽는 열대어 요리의 생선은 대부분 괌에서 잡히는 어종이지만, 회나 초밥용 횟감은 다른 지역에서 가져오거나 수입산이 대부분이다.

수제 버거 Burger

두툼하고 육즙이 풍부한 수제 패티에 각종 신선한 채소와 풍미 가득한 고소한 치즈를 올린 괌의 수제 버거는 든든한 한 끼 대용으로 가장 많은 사랑을 받는 메뉴 중 하나다. 수제 햄버거 맛집이 괌 곳곳에 퍼져 있어 하나씩 탐방하는 재미가 있다.

괌
쇼핑 리스트

우리나라 직구족들에게 인기인 의류 브랜드에서부터 건강 보조 식품까지 만날 수 있는 쇼핑 천국 괌. 특히 괌 지역 전체가 면세 지역인 만큼 가격 또한 매력적이다.

과일 칩

말린 바나나, 망고, 코코넛을 감자칩처럼 가공해 만든 과자로, 간단한 맥주 안주나 아이들 간식거리로 인기 만점이다. 특히 바나나칩은 인기가 대단해서 너무 늦게 오면 매진되기 일쑤다. 현지에서 간식용으로나 지인들 귀국 선물용으로도 좋고 가격도 저렴하니 눈에 띄면 한두 봉지 사는 것을 추천한다.

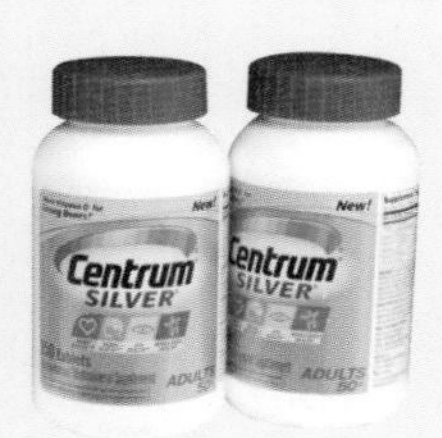

비타민

우리나라에도 너무 익숙한 종합 비타민제 센트룸은 한국보다 가격이 저렴해 한국 여행자들의 효도 선물 1순위를 차지한다. K 마트와 페이레스 마켓, 비타민 월드에서 주로 쇼핑을 하는데, 종합 비타민제 같은 약품들은 주로 비타민 월드(주요 백화점에 입점)에서 구입 가능하다. 또한 리테일미낫RetailMeNot 할인 쿠폰 적용이 가능하니 잊지 말자.

고디바 초콜릿

초콜릿으로 유명한 벨기에에서 탄생한 고디바 초콜릿. 레이디 고디바에 얽힌 아름다운 이야기와 고급스러운 맛과 모양에 한국 여행자들의 많은 사랑을 받고 있다. 한국에서도 구할 수 있지만 가격과 종류면에서 괌과 비교할 수 없어 초콜릿을 좋아하는 여행자들의 필수 쇼핑 리스트에 이름을 올린다. T 갤러리아 쿠폰을 사용하면 조그만한 초콜릿도 공짜로 받을 수 있다.

샘소나이트 캐리어

창고형 아웃렛에서 쇼핑 순위 1위를 차지하고 있는 샘소나이트 캐리어. 공항 면세점 가격보다 훨씬 저렴하게 구매할 수 있다. 튼튼한 메이커 캐리어다 보니 매장에 입고되자마자 가장 먼저 사라지는 제품이라 부지런해질 필요가 있다. 쇼핑 천국 괌에서는 이 캐리어를 사서 쇼핑 아이템을 담아 올 수 있으니 일석이조다.

타미힐피거

괌 의류 쇼핑의 대표적인 브랜드를 꼽자면 바로 타미힐피거다. 베이직한 디자인으로 사랑받는 타미힐피거는 한국에서 높은 가격대를 형성하고 있지만, 괌에서는 반값에 살 수 있어 인기가 대단하다. 쿠폰을 이용하거나 할인 카드를 이용하면 추가 할인이 가능하니 쇼핑 전에 꼭 챙기자.

랄프 로렌

마이크로네시아 몰에 입점한 메이시스Macy's에서 만날 수 있는 랄프 로렌. 10% 할인 쿠폰을 받고 자체 세일 아이템까지 합하면 한국에 비해 싸게 살 수 있는 브랜드 중 하나다. 워낙 많이 알려져 있는 브랜드기 때문에 많은 인기를 끌고 있다. 특히 유아용 아이템 중 괜찮은 디자인이 많아 엄마들에게 인기다.

구찌

괌의 특산물이 구찌라는 우스갯소리가 있을 정도로 한국이나 공항 면세점에서 사는 것보다 가격이나 종류 면에서 비교 우위를 가지고 있는 명품 브랜드로 잘 알려져 있다. 한국에서는 품절이거나 아직 출시되지 않은 상품을 만나볼 수 있고, 섬 전체가 면세 지역이라는 장점이 합쳐져 언제나 매장이 붐비니 명품 쇼핑을 원하는 여행자들은 주목하자.

맥 립스틱 & 조말론 향수

매트한 느낌의 메이크업 필수품 맥MAC과 향수, 보디 크림으로 사랑받는 조말론. 한국보다 저렴한 가격으로 면세점이나 해외 직구보다 싸서 여심을 저격하는 브랜드로 알려져 있다. T 갤러리아에 매장이 있으니 참고하자.

유아용품 및 의류

타미힐피거, 랄프 로렌, 갭, 카터스 등. 괌을 태교 여행지로 꼽는 가장 주된 이유 중 하나가 유아용품 쇼핑 천국이기 때문이다. 한국에서 이름 있는 고가의 유아 브랜드에 예쁜 디자인까지 더해져 예비 엄마들의 지갑을 비우는 악명(?) 높은 쇼핑 경험을 제공한다. 이 외에도 미국의 특이한 장난감과 디즈니 물품들이 엄마들에게 인기몰이 중이다.

바나나 보트 선크림

괌의 태양 아래에서 웬만한 SPF의 선크림은 무용지물이다. 괌의 태양을 견디고 피부 트러블을 예방하기 위해서는 태양이 작열하기로 유명한 호주에서 만든 바나나 보트 선크림이 필수다. 우리나라에서는 쉽게 구할 수 없고 주로 괌에서 구입하는 아이템으로, 괌의 태양을 견디기 위해서는 여행 시작 전 사 놓는 것을 추천한다.

마카다미아

국내 항공사 회항 사건(?)으로 유명해진 견과류의 왕, 마카다미아. 고다비 초콜릿 못지않게 선물용으로 인기가 좋은 제품이다. 허니 맛, 마카다미아 초콜릿 등 다양한 브랜드 및 상품이 준비돼 있다.

상비 의약품

한국인이 꼭 한 번은 방문하는 K 마트에서 인기몰이 하고 있는 쇼핑 리스트. 아이들 상처 치유에 좋은 네오스포린Neosporin, 임산부 소화제로 알려진 텀스Tums, 효과 빠른 감기약으로 알려진 나이퀼Nyquil 등 국내에서 판매하고 있는 인기 제품을 저렴하게 구입할 수 있다.

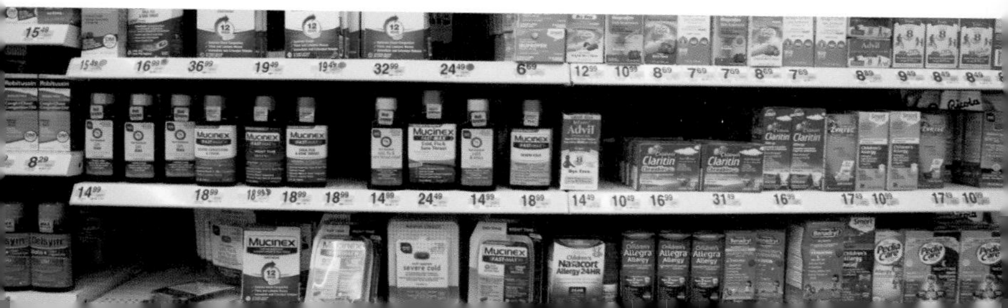

미리 체험하는 괌의 명소들

오직《지금, 괌》에서 즐길 수 있는 괌 미리보기 스폿. 호텔부터 다양한 관광 스폿까지 내 방에서 미리 그곳으로 가 볼 수 있는 360도 사진과 영상으로 포토샵 가득한 홍보용 사진에 현혹되지 말자. 작가 오상용과 성경민이 발로 뛴 다양한 스폿을 만나 보자!

지금, 괌 360도 영상 & 사진 보는 방법

검색

1. 안드로이드는 Google Play 스토어 에서, IOS는 App Store 에서 YouTube 를 설치한다.
2. 설치한 유튜브 앱에서 '플래닝북스'를 검색 후《지금, 괌》의 다양한 360도 영상을 감상한다.
3. 카드보드를 활용하여 보면 더욱 생생하게 감상할 수 있다.

1

2

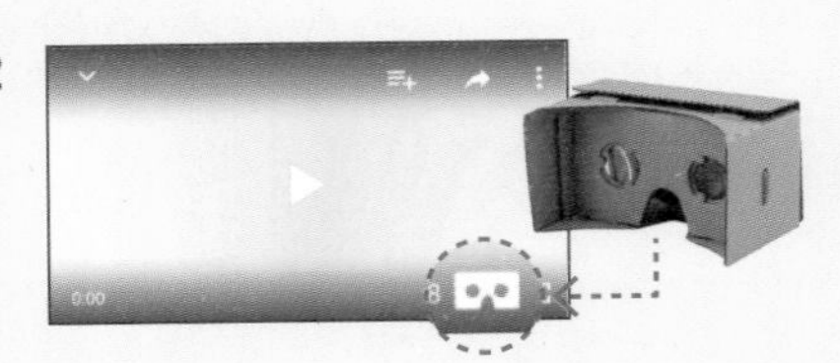

QR 코드－IOS

1. App Store 에서 NAVER 와 YouTube 를 설치한다.
2. 네이버에서 QR 코드를 스캔한다.
3. 오른쪽 하단에 있는 아이콘을 누른 후 'Safari로 열기'를 누른다.
4. 유튜브로 연결된 동영상으로《지금, 괌》의 다양한 360도 영상을 감상한다.

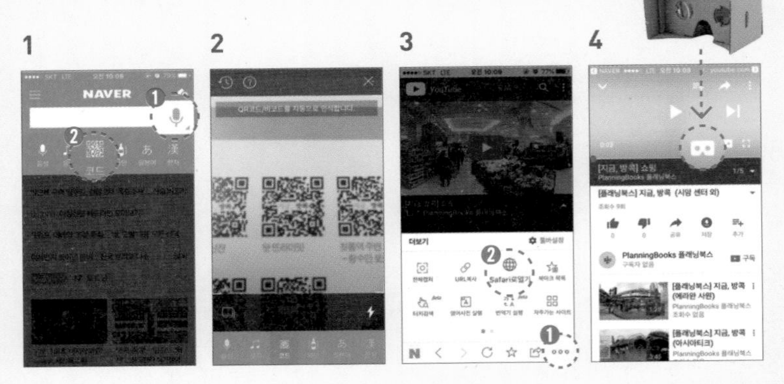

명소

알루팡 비치 클럽

언더워터 월드

오션 벤처 괌

사랑의 절벽

선셋 크루즈

쇼핑

플레저 아일랜드

T 갤러리아

호텔

PIC 괌

리가 로얄 라구나 괌 리조트

온워드 비치 리조트

하얏트 리젠시 괌

힐튼 괌 리조트 앤 스파

롯데 호텔 괌

호텔 닛코 괌

헬 로

HELLO

괌

HOW TO GO

괌

항공권 구입, 환전, 공항 출입국, 현지 상황 등 여행을 떠나려면 체크해야 할 것들이 많다. 준비부터 여행이 끝날 때까지 괌 여행에서 알아야 할 것들을 꼼꼼히 안내한다.

PED
XING

여행 전
체크 리스트

항공 선택 요령

미주 대표적인 휴양지 괌은 미국보다 한국과 일본에 가까워 사이판과 함께 오래전부터 익숙한 여행지였던 만큼 저가 항공사도 여럿 취항해 있다. 비행 시간 4시간 15분(직항 기준)으로 웬만한 동남아시아보다 가까운 여행지이기 때문에 아이들과 함께하는 가족 여행자들도 부담을 덜 수 있다는 점도 장점으로 꼽힌다. 경유 항공보다는 직항이 가격도 저렴하고 빠른 시간에 도착하기 때문에 정말 자리가 없지 않는 이상 무조건 직항 편을 골라야 한다는 점도 명심하자.
항공권 가격도 중요하지만 무엇보다 자신의 일정에 맞는 항공권을 선택하는 것을 추천한다. 예를 들어 오후 비행기(오후 6~8시 출발, 현지 시각 오후 11시~오전 2시 도착)를 통해 괌을 방문하는 여행자들은 밤 문화가 발달되어 있지 않은 이 섬의 특성상 제대로 된 스케줄을 즐기지 못한다. 오전 비행기(오전 9시 30분~10시 30분 출발, 현지 시각 오후 3~4시 도착)는 오후에 도착하여 투몬 시내에서 숙소 체크인 후에도 수영이나 식사를 즐길 수 있다는 장점이 있다. 장점과 단점이 뚜렷한 만큼 오후 비행기가 오전 비행기에 비해 가격이 저렴하게 나오기 때문에 이런 부분 또한 고려해야 한다.

항공 최저가 예매하기

항공사마다 얼리버드(조기 예매) 요금을 적용하고 있어 빠르면 빠를수록 저렴한 가격에 항공권을 구입할 수 있다. 한 가지 주의할 것은 가격은 저렴하면 저렴할수록 예약 변경, 마일리지 적립 불가 등 제한이 있을 수 있다는 것. 구매하기 전에 항공권 규정을 꼼꼼히 살펴보자.

STEP 1

항공권 요금을 찾기 이전에 출발하는 날짜에 어떤 항공편이 있는지 살펴보자. 온라인 여행사 사이트를 이용하면 쉽고 간단하게 항공편을 찾아볼 수 있다.

• 스카이스캐너 • 인터파크 투어

STEP 2

항공편을 찾았다면 가장 먼저 해당 항공사 홈페이지를 방문해 보자. 일반 항공사의 경우에는 적지만, 저가 항공사의 경우 항공사 자체 프로모션을 진행해 온라인 여행사보다 더 저렴한 요금대를 찾을 수 있다.

• 제주항공 • 진에어

STEP 3

항공사 홈페이지 요금을 확인해 봤다면 이제 온라인 여행사를 통해 가격을 비교해 보자. 하나투어, 모두투어 등 온라인 여행사는 물론 인터파크투어, 땡처리닷컴 등 일반 요금보다 할인된 요금으로 판매하는 항공권이 종종 있다.

• 하나투어 • 땡처리닷컴

STEP 4

항공권 예약 전 반드시 해당 항공권에 대한 항공 규정을 살펴보고 구매하자. 살펴봐야 할 요금 규정은 아래와 같다.

구분	설명
운임 조건	학생, 장애인 등 특수 적용 운임의 경우 증빙 서류가 없으면 구매가 불가능하다.
유효 기간	항공권을 이용할 수 있는 기간. 일정 변경이 가능한 항공권이라도 정해진 유효 기간 내에서만 가능하다.
환불 규정	요금에 따라 불가, 위약금, 페널티 등이 달라진다.
취급 수수료	예약 취소, 변경에 따라 지급되는 비용
여정 변경	불가능 또는 1회 가능, 가능
출발 변경	출발일 변경 가능 여부
귀국 변경	귀국일 변경 가능 여부
수화물 규정	저비용 항공사의 경우 반드시 확인 필요

※ 일정이 취소 또는 변경될 가능성이 있다면 가격이 비싸더라도 변경 가능한 항공권을 구매하는 것이 좋다. 저비용 항공사의 경우 할인율이 높은 항공권은 취소가 불가능하거나 높은 페널티 요금이 붙을 수 있으니 주의하자.

여행 복장

괌은 열대성 기후지만 무역풍으로 1년 365일 온화하고 쾌청한 날씨를 자랑한다. 하지만 섬 특성상 스콜이 잦고 실내와 실외 온도 차가 심해 체온 유지를 위한 얇은 긴팔이나 바람막이, 스카프 정도를 챙겨 가는 것이 좋다. 바다에서 불어오는 시원한 바람으로 활동하기 어려울 정도의 무더위는 아니니 참고하자. 비치에서 활동하는 시간이 많으니 따사로운 햇살에 잘 마르는 기능성 옷을 추천한다. 6월부터 11월까지는 우기, 12월부터 5월까지는 건기로 나뉘며 10월 말부터 3월 말까지는 습도가 낮아 여행하기 가장 좋은 시기로 손꼽힌다.

여행 짐 싸기

낯선 지역으로 떠나는 만큼 더 많은 것을 준비하게 되는 여행 짐. 예측 불가한 상황이 발생할지도 모른다는 불안감에 짐의 무게는 늘어난다. 물론 필요한 것을 준비하면 여행 기간 중 유용하게 사용할 수 있지만, 짐의 무게가 늘어날수록 여행의 피로도는 높아져 여행의 만족도는 낮아질 수밖에 없다. 따라서 짐의 무게는 여행의 만족도를 결정짓는 중요한 요소라는 것을 꼭 기억하자. 따라서 불필요한 짐을 줄이고, 필요한 물품을 꼼꼼히 챙겨 즐겁고 가벼운 여행을 떠나자. 그러기 위해 여행 짐 싸기 체크리스트를 작성해 보자.

❶ 종이에 여행 기간 중 꼭 필요한 물품을 나열한다. ❷ 그중에서도 우선순위를 정해 리스트 상단부터 순차적으로 작성한다. ❸ 가방의 부피를 고려해서 우선순위를 정하고, 그렇지 않은 물품은 과감하게 삭제한다. 이때, 부피가 크거나 전 세계 어디서든 흔히 구할 수 있는 물품은 우선순위에서 제외하고, 화장품이나 반찬류 등은 필요한 만큼 작은 용기에 넣거나, 압축 팩을 이용하면 부피를 줄이는 데 도움이 된다. ❹ 짐을 챙길 때 작성해 놓은 리스트를 체크하며 준비하면 중요한 짐을 못 챙겨 가는 불상사를 막을 수 있다.

※ 괌은 한국과 달리 11자 형태인 110v를 사용한다. 충전기 등 한국 전자 기기를 가져갈 경우 220v를 사용할 수 있는 어댑터를 챙겨야 한다. 돼지코라 불리는 저렴한 어댑터에서부터 멀티 어댑터까지 종류는 다양하다. 참고로 인천국제공항에 위치한 통신사에서는 고객 편의를 위해 무료 또는 유료로 멀티 어댑터를 대여해 준다.

괌 여행 필수 & 추천 아이템

일상에서 벗어나 나 자신이 가지고 있는 행복을 찾을 수 있는 시간. 그 어떤 시간보다 즐겁고 행복해야 할 시간인 만큼 조금 더 괌을 즐길 수 있는 HOT 아이템 BEST 5를 소개한다.

필수

❶ 뜨거운 햇볕에 소중한 눈과 피부를 지킬 수 있는 자외선 차단제, 모자, 선글라스, 편안한 신발(슬리퍼 등)
❷ 언제, 어느 순간이든 투명한 바다에 뛰어 들어갈 수 있는 비치복 & 아쿠아 슈즈
❸ 스콜이 잦고 실내외 온도 차가 심하니 체온 유지를 위한 휴대성 좋은 긴팔 한 벌
❹ 잠깐의 노력으로 여행 비용을 절약할 수 있는《지금, 괌》속 쿠폰
❺ 알차고 즐거운 여행을 계획한다면 알짜 가이드북《지금, 괌》

추천

❶ 투명한 바다 속 산호초와 열대어를 만날 수 있는 스노클링 장비
❷ 햇살에 쉽게 마르는 기능성 옷(비치복)
❸ 언제 어디서든 젖은 옷을 말릴 수 있고 활용도도 좋은 만능 줄(자전거 짐받이 줄)
❹ 함께하는 사람과 어디서든 쉬어 갈 수 있는 피크닉 돗자리 & 담요
❺ 아름다운 비치에서 즐길 수 있는 블루투스 스피커와 한 권의 책

항공사별 수화물 규정

구분	규정	설명
대한항공	23kg 이내 2개	좌석 등급, 멤버십 등급에 따라 조정
제주항공	BIZ LITE: 23kg 이내 2개 (유아 1개, 10kg) FLYBAG: 23kg 이내 1개 (유아 1개, 10kg) FLY: 무료 수화물 없음	접이식 유모차 1개, 위탁 수화물 무게 초과 요금(24~32kg)* : 50 USD / 50,000KRW (*초과된 무게가 아닌 개당 총 무게 초과 요금, 휴대 수화물 : 10Kg 이하 + 삼변의 합 115cm 이내 1개)
진에어	23kg 이내 1개 (최대 세 변의 합이 158cm 이내)	접이식 유모차 1개, 위탁 수화물 무게 초과 요금(24~32kg)* : 50 USD / 50,000KRW (*초과된 무게가 아닌 개당 총 무게 초과 요금, 휴대 수화물 : 12Kg 이하 + 삼변의 합 115cm 이내 1개)
티웨이 항공	비즈니스 운임: 30kg 이내 1개 일반 · 스마트 · 이벤트 운임: 23kg 이내 1개	접이식 유모차 1개, 위탁 수화물 무게 초과 요금(24~32kg)* : 50 USD / 50,000KRW (*초과된 무게가 아닌 개당 총 무게 초과 요금, 휴대 수화물 : 10Kg 이하 + 삼변의 합 115cm 이내 1개)
에어부산 (부산-괌)	23kg 이내 1개 (최대 세 변의 합이 203cm 이내)	접이식 유모차 1개, 위탁 수화물 무게 초과 요금(24~32kg)* : 50,000KRW (*초과된 무게가 아닌 개당 총 무게 초과 요금, 휴대 수화물 : 10Kg 이하 + 삼변의 합 115cm 이내 1개)

※ 유아와 소아도 항공사마다 수화물 규정이 있으니 참고하자.
※ 수화물 규정은 바뀔 수 있으니 항공권 구매 시 항공 규정을 반드시 확인하자.

최근 저비용 항공사에서는 수화물 규정을 엄격히 관리해 위탁 수화물을 포함해 기내 수화물도 크기와 무게를 확인해 초과 시 초과 요금을 받고 있다. 비용을 아끼고자 선택했던 저비용 항공이지만 수화물로 인해 더 많은 비용이 나갈 수 있으니 주의하자.

여행 추천 APP

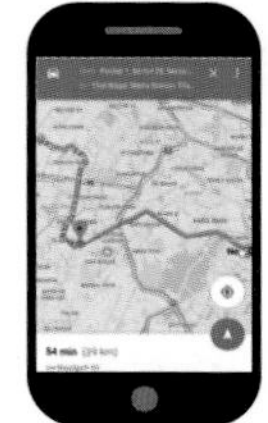

구글 맵스 Google Maps
목적지까지 거리는 물론 이동 시간과 방법까지도 친절하게 알려 주는 여행자 필수 앱이다. 지도를 보기 위해서는 인터넷 연결이 필요하지만 조금만 공부하면 인터넷 상관없이 오프라인에서 내가 저장한 지도를 보는 것은 물론 내비게이션으로 사용할 수 있다. 자세한 사용 방법을 알고 싶다면 포털 사이트에서 '구글 맵스 오프라인'을 검색하면 된다.

저스트 터치 잇 Just touch it
해외여행 시 위급한 상황이 생겼을 때 의사소통을 도와줄 픽토그램형 여행 소통 앱이다. 해외여행 중 발생할 수 있는 여러 상황에 도움이 필요하면 상황별 픽토그램을 선택하여 의사소통을 할 수 있다. 한글·현지어 병기, 음성 재생도 가능하고, 한번 다운받으면 데이터 사용 없이도 위급 상황이나 호텔, 병원 등에서 유용하게 사용할 수 있다.

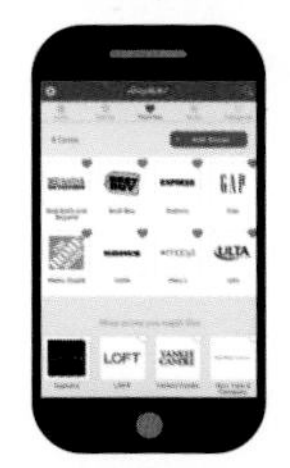

리테일미낫 RetailMeNot
음식점에서부터 백화점, 생활용품점, 잡화점 등 인기 매장의 할인 쿠폰을 제공해 주는 앱이다. 괌뿐만 아니라 미국 여행 시 매우 유용한 앱으로 온라인과 오프라인 프로모션 코드와 쿠폰 등을 받을 수 있다. 매장 검색 결과에서 상단 메뉴 중 '오프라인'을 선택하면 매장에서 사용 가능하니 참고하자. 로밍이나 에그, 현지 유심을 이용하지 않는 여행자라면 미리 쿠폰을 캡처하거나 출력하면 된다.

숍 괌 페스티벌 Shop Guam Festival
괌 관광청에서 제공하는 괌 여행 앱이다. 식당을 비롯해 백화점, 브랜드, 축제, 액티비티 등 요약 정보를 제공한다. 수시는 아니지만 종종 할인 쿠폰도 업로드되니 참고하자.

출발 전 체크리스트

공항에 도착해서 여권이 없다는 것을 알게 된다면? 호텔에 도착했는데 예약이 안 되었거나 취소가 되었다면? 설마 하겠지만 여행 중 누구에게나 발생할 수 있는 사례다. 만약에 생길 수 있는 상황을 대비해 출발 전에 최종적으로 체크리스트를 통해 확인해 보자.

구분	방법	체크 내용	체크
짐 확인	직접	작성한 짐 체크리스트를 참고하여 확인	
여권		여권 유효 기간, 여권 훼손 여부 등 확인	
항공권		이티켓 출력, 출도착 여정, 출발 공항 및 도착 공항	
지갑 확인		현금, 현지 통화, 비상시 사용할 카드 등	
호텔 예약	직접 또는 예약 여행사	바우처 출력본, 예약 업체를 통한 예약 내역 확인	
카드 확인	카드사	신용 카드 해외 결제 가능 여부, 해외 현금 인출 기능 여부 및 한도	

환전하기

괌의 통화 단위는 미국의 USD로 기호는 $다. 동전과 지폐로 나뉘는 미국 달러의 동전은 센트¢, 지폐는 달러$로 표기한다. 여행 시 사용하게 되는 통화는 1¢, 5¢, 10¢, 25¢, 50¢, $1로 총 여섯 종류의 센트와 $1, $2, $5, $10, $20, $50, $100로 총 일곱 종류의 달러가 있다. 그중 25¢, 50¢, $1를 자주 사용한다. 우리나라 화폐인 원보다 단위가 작아 사용하다 보면 헷갈리는 경우가 종종 있다. 환율에 따라 다르지만 1:10으로 생각해 비용을 계산하며 지출할 수 있다. 괌 현지에서도 환전이 가능하지만 수수료가 비싸서 현금의 경우 한국에서 미리 환전을 해야 한다. 환전 방법은 온라인, 사설 환전소, 은행 환전소가 있으며, 어디서 환전하느냐에 따라 환전 금액은 달라진다. 예를 들어 환전 수수료가 비싼 공항 은행 환전소보다는 거주 지역 근처 주거래 은행을 이용하는 것이 환전율이 좋다. 각종 신용 카드사, 은행에서는 고객을 위해 다양한 환전 우대 서비스를 제공하고 있으니 환전 전 온라인 검색을 통해 좋은 조건을 검색해 보자.

구분	설명	기타
은행 환전	환전 시내 은행(고객 등급에 따라 변동)	우대 쿠폰 필수
사설 환전	명동 등 외국인이 자주 방문하는 지역에 위치한 환전소 (은행보다 수수료가 적음)	위조지폐 주의
온라인 환전	은행에서 온라인으로 제공하는 공동 환전, 온라인 환전 (주거래 은행이 없을 때 유용함)	은행 간 금리 비교 필수
공항 환전	은행에서 온라인으로 제공하는 공동 환전, 온라인 환전 (주거래 은행이 없을 때 유용함)	수수료 주의

출입국 체크 리스트

인천국제공항 가는 방법

인천국제공항으로 가는 방법은 크게 철도와 공항버스로 구별된다. 철도는 교통 체증 없이 빠르게 이동할 수 있는 장점이 있으며, 공항버스는 정차하는 정류장이 집 근처에서 있다면 편하게 탈 수 있는 장점이 있다. 대한항공, 델타, 에어프랑스, KLM항공 이용 고객은 인천국제공항 제2 여객 터미널을 이용해야 하니 주의하자.

공항철도

서울 시내에서 인천국제공항까지 가장 빠르게 이동할 수 있는 교통수단이다. 도심 곳곳을 연결하는 공항 리무진에 비해 이용 지역은 제한적이지만 교통 체증 없이 빠르게 이동할 수 있다. 단 집 근처에 지하철역이 없거나 공항 철도역과 멀리 떨어져 있다면 짐을 들고 이동해야 해서 공항버스보다 번거롭고 시간이 오래 걸릴 수 있다. 총 길이 58km 구간인 이 거리를 직통 열차와 일반 열차로 구분해 운행하며, 열차마다 요금과 정차 역수로 인한 소요 시간이 다르니 참고하자.

- 홈페이지 www.arex.or.kr

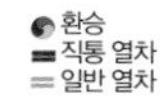

❶ 직통 열차

서울역 도심 공항 터미널에서 출발해 인천국제공항을 무정차(논스톱)로 운행하는 고급 열차다. 인천국제공항 제1 여객 터미널까지는 43분, 제2 여객 터미널까지는 51분이 소요되며 매일 오전 6시 10분 첫차를 시작으로 하루 26회 운행한다.

- 운행 간격 짝수 시간대(매시 10분, 50분), 홀수 시간대(매시 30분)/ 22시 50분 막차
- 열차 운임 9,500원(어른), 7,500원(어린이)(*직통 열차 할인 쿠폰이 여럿 있으니 포털 사이트 검색)
- 이용 방법 서울역 도심 공항 터미널 B2층에서 승차권 구매 후 탑승

- 장점 혼잡한 인천국제공항보다 한결 조용한 분위기로 출국 수속이 가능하고 얼리 체크인으로 좋은 좌석 확보(일부 항공사만 적용), 편안한 좌석, 무료 와이파이 등이 가능
- 단점 서울역 직통 열차로 이용이 제한적이며, 가격이 집 근처로 가는 공항 리무진과 비슷

❷ 일반 열차

수도권 주요 8개 지하철역 환승을 통해 교통 체증 없이 빠르게 공항으로 갈 수 있는 통근형 열차다. 출발역인 서울역부터 종착역인 인천국제공항 제2 여객 터미널까지는 총 14개의 역 전부를 정차할 경우 1시간 6분이 소요된다. 직통 열차보다 운행 간격이 짧고 대부분 지하철 노선과 환승할 수 있어 많은 여행자가 이용한다.

- 운행 간격 7~15분 가격
- 열차 운행 하루 왕복 303회 운행(운행 간격 평균 6~7.5분)
- 열차 운임 이용 구간에 따라 다름(서울역–인천국제공항 제2 여객 터미널 성인 기준 4,750원)
- 이용 방법 서울역 도심 공항 터미널 B2층에서 승차권 구매 후 탑승
- 장점 지하철과 환승이 가능하고 가격이 저렴
- 단점 환승역이 여럿 있어 직행보다 시간이 더 걸리고, 무엇보다 환승 및 인천국제공항 도착 후 짐을 가지고 긴 구간을 이동해야 함

공항버스

서울, 경기 지역은 물론 지방 도시를 연결하는 버스가 상시 운행 중이다. 버스는 크게 공항 리무진과 일반 버스, 고속버스로 나뉘며, 공항행 교통수단 중 가장 많은 정류장이 있어 이용자가 많다. 짐이 많은 여행자도 집 근처 정류장에서 이용할 수 있어 공항철도보다 편하지만, 교통량에 따라 시간이 오래 걸릴 수 있다. 요금은 9,000원(김포공항)부터 지역마다 달라진다. 공항 이용자가 늘어나면서 카드사 및 여행사에서 쿠폰, 티켓 발행 또는 할인을 제공하는 경우가 있으니 탑승 전 꼼꼼히 살펴보자.

- 소요 시간 탑승 지역에 따라 다름
- 노선 검색 인천에어네트워크(www.airportbus.or.kr)
- 버스 운임 구간마다 다름
- 장점 정류장이 많아 집 근처에서 이용 가능
- 단점 교통량에 따라 걸리는 시간이 다름

※ 버스 이용자 중 짐을 짐칸에 넣는 사람에게는 러기지 태그Luggage Tag를 주는데, 잃어버리면 문제가 될 수 있으니 잘 챙기는 것을 잊지 말자.

도심공항 터미널

서울역과 삼성동에 위치한 도심공항 터미널은 교통편뿐 아니라, 공항처럼 항공사 체크인을 하고 수화물을 부칠 수도 있다. 공항철도가 다니는 서울역에서는 철도를 이용해 공항으로 이동 후 전용 게이트를 통해 빠르게 이동할 수 있으며, 삼성동은 리무진을 이용해 공항에 도착한 후 인천국제공항 3층 1~4번 출국장 좌우측 통로에 마련된 전용 출국 통로를 통해 빠른 출국이 가능하다. 한편 도심공항 터미널은 무거운 짐을 미리 보내고 빠르게 이동할 수 있는 장점도 있지만, 더 좋은 장점은 얼리 체크인이 가능하다는 것이다. 비상구 좌석이나 앞 좌석 등 일부 좌석은 항공 출발 당일에 배정하는데, 공항보다 더 빠른 시간에 체크인이 가능해 원하는 좌석을 선점할 수 있다. 단, 국제선의 경우 출발 3시간 전에 도심공항 터미널에서 체크인과 수화물을 보내야 한다.

※ 이용 항공사에 따른 탑승 수속에 대한 상세 정보 및 확인은 유선 문의 필수

- 이용 절차 도심공항 도착 ⇨ 교통편 티켓 구매 ⇨ 탑승 수속 ⇨ 출국 심사 ⇨ 공항 도착 ⇨ 전용 출국 통로 출국(3층 1~4번)
- 서울역 도심공항 탑승 수속 가능 항공사(2022.6월 기준)
  아시아나항공(대한항공은 미주 노선 탑승 수속 불가). 미국 교통보안청TSA의 항공 보안 강화 조치에 따라 일부 항공사의 미국(괌, 사이판 포함) 노선 탑승 수속 여부가 변경되므로 해당 항공사의 도심공항 탑승 수속 가능 여부 확인 필수.

출국하기

STEP 1 탑승 수속(항공 체크인)

항공권을 구매했다면 탑승 전 항공사 카운터 또는 셀프 체크인 기기나 항공사에서 지원하는 앱을 통해 좌석 배정 및 수화물 위탁 등 탑승 수속을 해야 한다. 이때 기억할 것은 항공 기내에는 인화성 물질(부탄가스, 알코올성 음료), 100ml 이상의 액체류(물, 음료수, 화장품) 반입이 불가능하다는 것. 해당 물품을 꼭 가져가야 하는 여행자는 미리 수화물 가방에 넣어 부쳐야 한다는 것을 잊지 말자. 여행 시 꼭 필요한 물약, 화장품류 등의 액체류는 용기에 100ml 이하로 담아 투명한 지퍼 백에 넣으면 지퍼 백 1개까지는 기내 반입이 가능하다.

STEP 2 세관 신고, 병무 신고

고가의 카메라, 골프채 등 여행 시 사용하고 다시 가져올 고가 물품은 출국 전 세관 신고를 통해 휴대 물품 반출 신고(확인)서를 받아야 한다. 만일 세관 신고를 하지 않을 경우 입국 시 구매 물건으로 판단해 세금을 징수할 수 있다. 고가의 물품이 없거나, 고가의 물품이라도 사용 기간이 오래되어 구매 물품이 아니라는 것을 증명할 수 있다면 세관 신고를 하지 않아도 무관하다. 병무 의무자는 출국 전 병무 신고 센터를 통해 국외 여행 허가 증명서를 발급받고 출국 신고를 해야 한다. 과거에 비하면 많이 간소화됐지만 미필자나 현역은 반드시 확인해야 한다.

STEP 3 보안 검색

탑승 수속과 세관 신고를 완료했다면 여권과 항공권을 제시하고 출국장으로 이동해 보안 검사를 받으면 된다. 보안 검사는 기내에 가지고 갈 가방과 주머니에 있는 모든 소지품을 엑스레이X-RAY에 통과시켜야 하고 필요할 경우 신발, 벨트 등 추가 검색이 있을 수 있다. 혹 노트북이나 태블릿 PC를 가지고 기내에 탑승하는 여행자는 보안 검사 전 반드시 가방에서 꺼내 따로 검사를 받아야 신속하게 통과가 가능하다.

STEP 4 출국 심사

보안 검사를 마친 뒤에는 출국 심사대 앞 대기선에서 기다렸다가 여권과 탑승권을 제시하고 출국 스탬프를 받으면 출국 심사가 끝난다. 출국 심사 때는 여권 사진과 본인 식별을 위해 모자, 선글라스는 벗고 대기 중 휴대 전화는 삼가야 한다.

STEP 5 면세 구역 공항 시설 이용하기

출국 심사를 마쳤다면 항공 탑승 전까지 면세 구역에서 쇼핑을 즐기거나 휴식 공간에서 쉬다가 정해진 시간에 해당 항공 탑승 게이트에 오르면 된다. 기다리는 시간 동안 즐길 수 있는 면세 구역 내 조금 특별한 공간을 살펴보자.

STEP 6 항공 탑승

항공 탑승은 출발 시간 30~40분 전에 시작해 출발 10분 전 탑승을 마감한다. 항공권에 적힌 탑승 시간을 미리 확인하고 정해진 시간에 게이트로 가서 탑승하도록 하자. 탑승할 때는 여권과 항공권을 승무원에게 한 번 더 보여 줘야 한다. 항공기 앞에 있는 잡지, 신문은 무료로 제공되니 챙겨도 좋다. 마지막으로 탑승권에 찍힌 좌석으로 가서 캐비닛에 짐을 넣고 착석해 이륙을 기다리면 된다.

STEP 7 입국 준비

항공 이륙 후 도착 전까지 괌 입국을 위한 서류를 준비한다. 필요한 서류는 입국 신고서와 세관 신고서로, 한글 서류에 여권 정보, 체류일 등을 기재하면 된다. 이때 주의할 것은 영문 대문자로 작성해야 하고, 호텔, 전화번호, 체류일, 입국 신고서 뒷면 여행 비용 등 작성란을 꼼꼼히 기재해야 한다는 것이다. 입국 신고서는 1인 1부씩 작성해야 하고 세관 신고서는 가족당 1부를 작성하면 된다. 괌의 경우 미국 비자를 따로 수령하고 온 여행자는 입국 신고서와 세관 신고서만 작성하면 되지만, 따로 미국 비자를 발급받지 않은 여행자는 비자 면제 신청서도 작성해야 한다.

※ 괌 입국을 위해선 코로나19 검사가 필수였으나 2022년 6월 12일 폐지되었다. 코로나19가 재확산될 경우에는 여행 지침이 변경될 수 있으니 괌 관광청 홈페이지(www.welcometoguam.co.kr)에서 최신 지침을 꼭 살펴보자.

• 입국신고서 작성

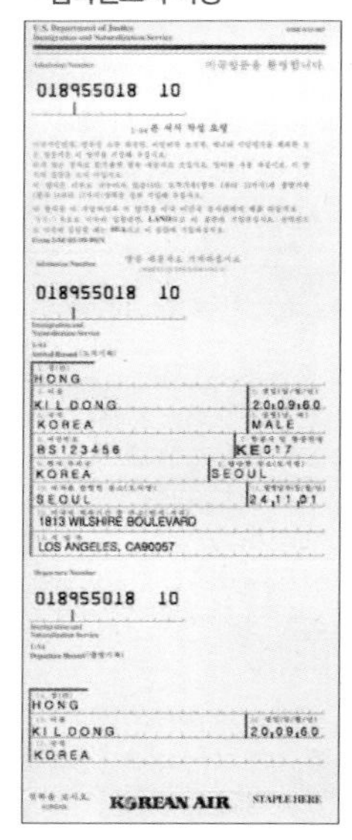
U.S. Department of Justice
Immigration and Naturalization Service

미국방문을 환영합니다

018955018 10

018955018 10

HONG	
KIL DONG	20.09.60
KOREA	MALE
BS123456	KE017
KOREA	SEOUL
SEOUL	24.11.01
1813 WILSHIRE BOULEVARD	
LOS ANGELES, CA90057	

018955018 10

HONG	
KIL DONG	20.09.60
KOREA	

KOREAN AIR STAPLE HERE

• 괌 – CNMI 비자 면제 신청서 작성

U.S. Department of Justice
Immigration and Naturalization Service

(영어대문자로 기입해 주십시오)

HONG

GIL DONG

01 / 01 / 1960

SEOUL,KOREA

JR 123456

01 / 01 / 2005

KOREAN AIR

〈출처: 대한항공〉

• 세관 신고서 작성

괌 세관 및 검역 봉부
의무적 세관 신고

FOR CUSTOMS USE ONLY

미국령, 괌

입국하기

괌에 도착하면 인천국제공항에서의 출국과 마찬가지로 입국을 위한 심사가 진행된다. 기내에서 미리 작성한 입국 신고서와 여권을 제출하고 자신의 순서가 되면 제출 후 심사관의 입국 신고 절차를 진행한다. 괌 입국 심사는 우리나라와 달리 사진 촬영과 지문 등록 과정이 있는데, 앞에 그림으로 된 안내판이 있으니 걱정하지 말자. 입국 심사가 끝나면 수화물을 찾고 세관 검사대를 통과하면서 또 한 번 여권과 기내에서 작성해 놓은 세관 신고서를 제출하면 모든 입국 과정이 끝난다.

STEP 1 입국 심사 과정

1단계	입국 심사관에서 여권, 입국 신고서 제출
2단계	입국 심사관 인터뷰(간단한 질문 – 머무는 기간, 이용하는 호텔 등)
3단계	지문 인식 및 얼굴 사진 촬영 (엄지를 제외한 4개의 손가락을 스캐너에 올리면 된다. 양손 모두 촬영)
4단계	완료

STEP 2 수화물 찾기

입국 심사가 끝나면 1층 수화물 인도장에서 자신이 타고 온 항공편 수화물 레일 확인 후 해당 레일에서 위탁 수화물을 찾는다. 같은 수화물이 있을 수 있으니 항공권에 부착된 위탁 수화물 번호표와 꼭 비교하자.

STEP 3 세관 검사

위탁 수화물에 문제가 있거나, 출발 전 인천국제공항 면세점에서 고가 또는 입국 허용 면세 한도를 초과해 구매를 하지 않았다면 세관 신고서만 제출하면 대부분 통과할 수 있다. 간혹 짐 검사를 할 경우가 있는데, 그럴 땐 당황하지 말고 안내에 따라 수화물을 확인시켜 주면 된다.

담배	200개비(1보루)
주류	1리터
현금	US$ 10,000

※ 진공 포장된 음식물은 반입 가능하지만 육류(고기), 가공되지 않은 과일·야채류는 반입 불가. 햄, 소시지 등 육류 제품과 컵라면은 자주 적발되는 품목이니 주의.

알아 두면 좋은 정보

비상 연락처

여행 중 누구에게나 발생할 수 있는 사건, 사고는 물론 카드 분실, 항공권 변경 등으로 도움이 필요하면 아래 연락처로 도움을 요청하자.

주요 연락처

국가 코드 1　　지역 코드 671　　긴급 전화 911
괌 관광청 671-645-5278~9　　괌 한인회 671-687-9755
24시 영사 콜센터 1-888-865-8581(공중전화에서 긴급 전화로 가능),
82-2-3210-0404

아플 때

- **괌 트래블러스 클리닉** Guam Traveler's Clinic(외국인 전용 병원)
  주소 : 1051 Pale San Vitores Rd., Suite 106, Tamuning / 시간 : 08:00~22:00 / 전화 : 671-647-7771
- **익스프레스 케어 헬스 & 스킨 클리닉** Express Care Health & Skin Clinic(한국인 의사가 있는 병원)
  주소 : 2F 1088 Marine Corps Dr, Dededo(마이크로네시아 몰 2층) / 시간 : 08:30~18:00(토요일 09:00부터) / 휴무 : 매주 일요일 / 전화 : 671-477-2873
- **OKA 약국** OKA Pharmacy(한국어 사용 가능 약국)
  주소 : 241 30A, Tamuning / 시간 : 08:30~19:00(월~금), 08:30~18:00(토, 공휴일), 12:00~13:00(점심시간) / 휴무 : 매주 일요일, 추수감사절, 크리스마스, 신년 / 전화 : 671-671-1193(*비상시 통화 후 진료 가능)

신용 카드 분실 신고

BC카드 : 82-2-950-8510
국민카드 : 82-2-6300-7300
롯데카드 : 82-2-2280-2400
삼성카드 : 82-2-2000-8100
신한카드 : 82-2-3420-7000
하나SK카드 : 82-2-3489-1000
현대카드 : 82-2-3015-9000

항공사 연락처

대한항공 : 82-1588-2001(국내) / 671-642-1124(괌 지점)
제주항공 : 82-1599-1500(국내) / 671-649-3936(괌 지점)
진에어 : 82-1600-6200(국내) / 671-642-2800(괌 지점)
에어부산 : 82-1666-3060(국내) / 671-642-7705(괌 지점)

티웨이 : 82-1688-8686(국내) / 671-989-1500(괌 지점)
에어서울: 82-1688-8686(국내) / 671-642-7705(괌 지점)

재외 공관

외교 및 재외 국민과 여행자 보호에 도움을 주기 위해 전 세계에 우리나라 재외 공관이 설치되어 있다. 괌의 경우 타무닝 지역에 영사관 출장소가 있어 필요시 도움을 받을 수 있다.

- **괌 대한민국 영사관 출장소**
  주소 : 153 Zoilo St, Tamuning / 시간 : 09:00~17:00(월~금), 12:00~13:30(점심시간) / 긴급 연락처 : 671-688-5810/5886, 864-3586(사건, 사고) / 이메일 : kconsul_guam@mofa.go.kr / 전화 : 671-647-6488~9

Tip. 영사관에서 받을 수 있는 유용한 서비스

- **여행 증명서/단수 여권 발급**
  여권을 분실했다면 경찰에 분실 신고 후 분실 증명서 또는 사건 번호를 갖고 영사관 출장소를 방문하면 여행 증명서나 단수 여권을 발급받을 수 있다. 여권 발급을 위해서는 여권용 사진 2매는 필수다. 한국 신분증을 챙겨 가야 하며 비용은 임시 여행증은 $7, 단수 여권 재발급은 $15다.
- **신속 해외 송금**
  여행 중 분실이나 급하게 돈이 필요하다면 영사관을 통해 해외 송금을 받을 수 있다. 1회 최대 $3,000까지 가능하며, 해외 송금 제도 신청 후 국내에서 정해진 계좌에 돈을 입금하면 현지 화폐로 받을 수 있다.

통신

공중전화 이용하기

스마트폰의 보급으로 자동 로밍이 되어 유선 전화를 사용하는 일은 많이 줄었다. 하지만 로밍 폰을 이용할 경우 현지 통화 요금이 비싸서 긴 통화가 아니면 일반 공중전화를 이용하길 추천한다. 괌 대부분의 공중전화는 국내 및 국제 전화 겸용으로 동전 또는 카드를 이용할 수 있으며, 동전 이용 시 기본으로 25¢를 넣고 사용한다. 이용 방법은 수화기를 들고 동전 투입 후 다이얼을 누르고 통화를 하면 된다. 괌 현지에 전화를 할 경우 지역 코드(671)을 빼고 누르면 되고, 한국이나 국제 전화를 걸 경우에는 011+82를 누른 후 지역 번호 앞 0을 제외하고 순서대로 번호를 누르면 된다. 국제 전화의 경우 요금이 비싸니 에그, 와이파이, 현지 유심을 이용한 국제 전화 앱 이용을 추천한다.

현지 통신 이용하기 - 유심 구매 및 대여

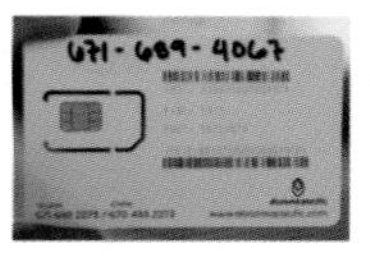

괌에서 5일 이상 체류하거나 전화 통화를 자주 해야 하는 여행자라면 로밍 전화기보다는 현지 전화를 개통해 이용해 보자. 여권만 지참하면 어디서든 쉽게 현지 유심을 구매할 수 있다. (괌 현지는 물론 국내에서도 일정 기간 동안 이용 가능한 유심을 판매하고 있다.) 이용하는 요금 플랜에 따라 가격이 다르지만 가격이 저렴한 편이다. 여행자를 위한 유심으로 도코모에서 판매하는 UNLI 유심이 있는데 문자, 문자+전화, 데이터, 문자+전화+데이터 종류로 구별되고, 요금은 문자+전화+데이터 기준 유심비를 포함 5일 무제한 요금이 $13.00이다. 구매가 가능한 도코모 매장은 마이크로네시아 몰 2층, 괌 프리미어 아웃렛 타미힐피거 앞에 있다.

※ 현지 유심 사용 시 세팅이 필요하니 반드시 사용하는 휴대 전화를 가져가 유심 구매 및 직원에게 요청하도록 하자.

포켓 와이파이 대여

여행자가 한 명 이상이거나 괌 현지에서 전화 통화를 할 일이 없는 여행자라면 포켓 와이파이를 대여해 보자. 속도 면에서도 유심과 로밍 서비스에서 앞서고, 두 명 이상이 사용해도 한 개만 빌려도 되기 때문에 가성비도 괜찮은 편. 다만 충전을 해야 한다는 번거로움이 있고, 분실할 경우 배보다 배꼽이 큰 상황이 발생하기 때문에 사용에 주의하자. 괌 여행 전에 인터넷으로 사용권 구매 후 한국의 공항이나 괌 공항에서 받을 수 있으니 상황에 맞게 선택하자.

로밍 휴대폰 이용하기

스마트폰 대부분은 신청 없이 자동으로 로밍이 된다. 로밍으로 연결되면 국내 요금제와는 상관없이 통신 및 통화 요금이 발생하는데, 로밍 요금제에 가입하지 않았다면 요금이 생각보다 비싸서 주의가 필요하다.

- **데이터 이용** 로밍 폭탄 요금을 피하기 위해서는 항공 탑승 전 비행기 모드 전환 또는 로밍 데이터 사용 차단을 하거나, 이용하는 통신사에 연락해서 로밍 데이터 차단을 신청해야 한다. 여행 중 이메일 확인이나 카카오톡 등 메신저를 이용하려면 출발 전 이용하는 통신사를 통해 로밍 상품을 가입하거나, 휴대용 와이파이를 대여해 이용하자.
- **전화 통화** 괌 시내 전화 통화는 물론 해외 발신, 걸려 온 전화를 받을 경우에도 요금이 청구되니 주의가 필요하다. 특히 걸려 온 전화를 받아서 요금 폭탄을 맞는 경우가 종종 있으니 꼭 필요한 연락이 아니면 통화를 잠시 미루도록 하자.

편의점

괌에서는 우리나라에서 통용되는 편의점 개념의 상점 외에도 조금 더 규모가 큰 대형 편의점을 시내 곳곳에서 볼 수 있다.

서클 K Circle K

빨간색 간판의 편의점으로, 우리가 생각하는 그 편의점이다. 24시간 영업을 기본으로 하며 주로 주유소에 붙어 있다. 가격은 다른 대형 마트보다 비싼 편이고 우리나라처럼 도시락이나 빵 종류가 많지 않기 때문에 간단한 과자나 음료수를 사기 위해 들르는 곳이라고 생각하면 좋다.

ABC 스토어 ABC Store

괌에 총 8개 지점이 있고 괌 프리미어 아웃렛 지점을 제외하고는 전부 투몬에 몰려 있다. 생필품, 기념품, 물놀이용품, 음료, 과자 등 괌 여행에서 필요한 대부분을 이곳에서 살 수 있고, 가격도 비싼 편은 아니다. 숙소로 들어가기 전에 ABC 스토어에 들러서 간단한 주전부리부터 다음 날 일정에 필요한 물건들까지 전부 구할 수 있어 많은 사랑을 받고 있다.

현지 여행사

호텔과 교통 부분만 신경 쓴다면 괌 여행은 큰 무리 없이 소화할 수 있지만 첫 해외여행이거나 픽업 서비스를 포함한 액티비티를 즐기고 싶다면 현지 투어를 이용하는 방법이 더 저렴할 수도 있다. 현지 투어의 장점은 뚜벅이 여행자들을 위해서 픽업 차량을 직접 운영하고, 현지 네트워크를 통한 할인 혜택이 있으며, 한국 여행사라면 한국어 서비스도 쉽게 이용할 수 있다는 것이다. 괌에는 너무 많은 현지 여행사가 있기 때문에 인터넷 창에 '괌 현지 투어'를 검색하고 후기와 코스를 참고해서 나에게 맞는 여행사를 정해 보자.

쿠폰

쿠폰의 천국 미국은 쿠폰 없이 제값에 물건을 사면 호갱님이 되기 십상이다. 출력용 쿠폰과 온라인용 쿠폰을 잘 챙겨서 액티비티, 식사, 쇼핑을 현명하게 즐겨 보자.

멤버십 카드

SK텔레콤 T멤버십

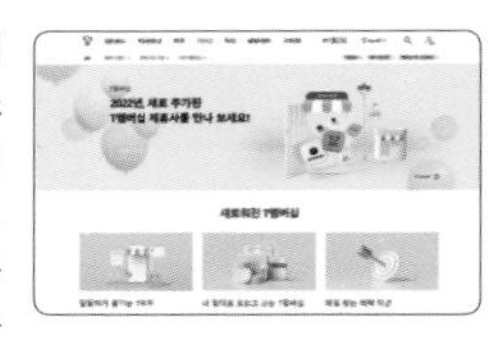

SK텔레콤 이용자라면 괌 여행 시 유용하게 사용할 수 있는 멤버십. 쇼핑에서부터 레스토랑, 액티비티까지 T멤버십 카드만 보여주면 최대 30% 할인 혜택을 받을 수 있다. 모바일 T멤버십 어플에서는 할인 입장권 등 이벤트도 상시 열리니 SK텔레콤 사용자라면 한번 살펴보자.

홈페이지 www.sktmembership.co.kr

무료 쿠폰

타미힐피거

괌 여행자라면 누구나 한 번쯤 들른다는 쇼핑 필수 브랜드 타미힐피거. 한국에서 판매되는 가격은 다른 나라와 비슷하게 높은 편이지만, 괌에서는 항시 세일을 하고 쿠폰까지 적용하면 저렴하게 구매할 수 있어 남녀노소 가리지 않고 많이 사 가는 편이다. 타미힐피거 쿠폰은 한국에서도 구할 수 있지만, 가장 쉬운 방법은 리테일미낫RetailMeNot이라는 웹사이트를 이용하는 것이다. 이곳에서 나오는 바코드를 직원에게 보여 주면 쉽게 할인받을 수 있으니 쇼핑 전에 휴대 전화에 바코드 창을 열어 놓고 바로 보여 줄 수 있게 준비하자.

웹사이트 www.retailmenot.com/view/tommy.com

K 마트(인쇄 필수)

한국 여행자들이 사랑하는 K 마트 또한 쿠폰으로 할인받을 수 있다. 주로 일반 생활용품이나 장난감, 유아용품으로 인기를 끌고 있는 이곳은 괌을 여행하는 쇼퍼라면 필수적으로 들르는 스폿 중 하나로 자리매김했다. K 마트 홈페이지에서 제공하는 이 쿠폰은 모바일로 적용되지 않고, 인쇄된 종이에 적혀 있는 바코드만 인정되니 출발 전에 꼭 인쇄해 가야 한다. 아래 웹사이트를 참고하면 된다.

웹사이트 www.kmart.com/en_us/savings/coupons.html(회원 가입 필수)

메이시스

마이크로네시아 몰에 있는 메이시스는 주로 중고가 명품을 취급하고 한국인들이 좋아하는 브랜드들이 많아 인기가 많은 편이다. 괌으로 출발하기 전 한국에서 받을 수 있는 방법도 다양하지만 마이크로네시아 몰에 도착하면 인포 데스크에서 10% 할인 쿠폰을 받을 수 있으니 너무 걱정하지 말자.

T 갤러리아

주로 고가의 명품 브랜드가 입점해 있는 T 갤러리아는 투몬의 중심부에 있어 많은 여행자가 한 번쯤 들르는 곳으로 잘 알려져 있다. 특히 트롤리 버스와 레아레아 버스 등 다양한 버스가 모이는 요충지여서 여행 중에 한두 번 정도는 지나치게 되는데, 그때마다 다양한 여행사 및 항공사에서 제공해 주는 쿠폰을 다운받아 가져가면 방문 기념 선물(초콜릿 등)을 주니 쇼핑을 하지 않더라도 꼭 챙기도록 하자. 쿠폰을 얻기 가장 쉬운 방법은 검색창에 'T 갤러리아 쿠폰'이라고 입력하면 나오는 블로그나 카페로 들어가서 쿠폰 이미지를 다운받아 사용하는 것이다.

괌의 교통수단

괌은 대중교통이 발달하지 않아서 자동차 이용 비율이 압도적으로 높다. 그렇기 때문에 장거리 버스나 기차는 없으니 렌터카를 이용하지 않은 여행자들은 여행 전 동선을 계획할 때 교통편을 신경 써야 한다. 자동차로 끝에서 끝까지 가는 시간이 1시간 30분 미만일 정도로 작은 섬이어서 이동 시간이 짧다는 것은 그나마 다행이다. 앞으로 다룰 다양한 노선 버스와 교통수단을 잘 숙지하면 괌에서 비교적 자유롭게 다닐 수 있다.

셔틀버스

괌 레드 구아한 셔틀버스(트롤리 버스) Guam Red Guahan Shuttle Bus
투몬의 호텔과 쇼핑몰 그리고 관광 스폿 곳곳을 누비는 빨간 버스는 한국 여행자들에게 가장 잘 알려진 대표적인 대중교통이다. 총 8개의 노선으로 4개 노선은 투몬과 하갓냐 일부 지역을 돌아다니고, 나머지 4개 노선은 투몬 인근의 쇼핑, 관광 스폿을 돌아다니는 버스다. 티켓 가격이 타는 횟수와 날짜에 따라 달라지기 때문에 구매 전에 괌 체류 계획과 버스 이동 계획을 세워서 이용해야 한다. 티켓은 T 갤러리아, GPO 등 대형 쇼핑몰 매표소와 온라인 또는 운전사에게 구매할 수 있다.

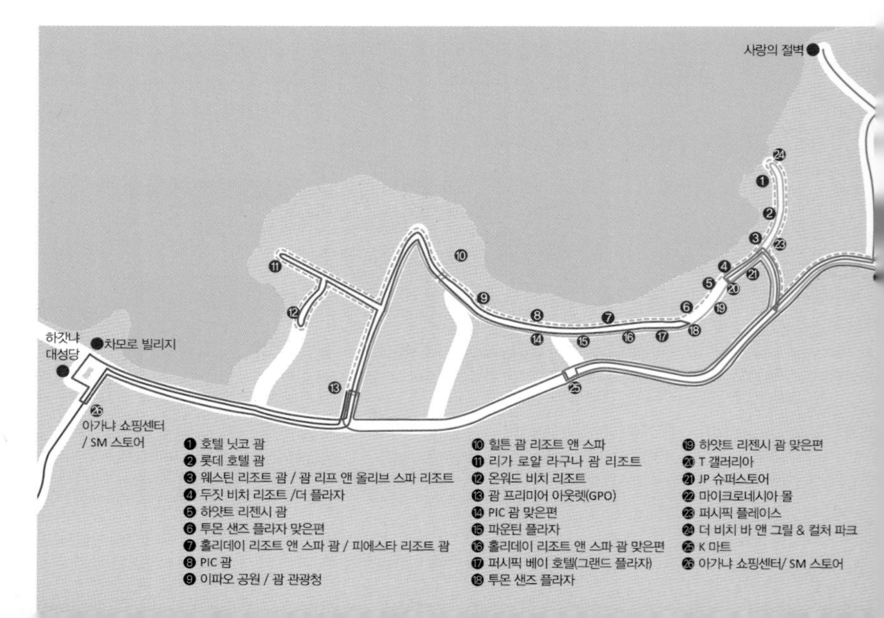

※ 코로나19로 운행이 중단되었다가 2022년 6월부터 운행이 재개되었다. 원래는 8개 노선을 운행했지만 2022년 6월 현재 투몬 셔틀버스(북쪽 노선, 남쪽 노선)과 차모로 빌리지 야시장 셔틀버스만 운행되고 있으니 그 밖의 노선은 방문 시점에 홈페이지(www.tpmguam.com)를 통해 운행 여부를 확인하자.

• 요금

노선	운행 여부 (2022. 6.)	요금
투몬 셔틀버스 (북쪽 노선 & 남쪽 노선)	운행	3시간: $3 / 6시간: $6 1일권: 성인 $10, 어린이 $5 2일권: 성인 $14, 어린이 $7 5일권: 성인 $24, 어린이 $12 (어린이는 만 6~11세, 만 5세 이하 영유아는 무료)
차모로 빌리지 야시장 셔틀버스	운행	
쇼핑몰 셔틀버스	미운행	미정
T 갤러리아↔K 마트 셔틀버스		
GPO↔레오팔레스 셔틀버스		
사랑의 절벽 셔틀버스		
하갓냐 차모로 셔틀버스		

• 투몬 셔틀버스 북쪽 노선(마이크로네시아 몰↔투몬↔GPO) – 10분 간격

정류장	1회	2회	3회	4회
괌 프리미어 아웃렛(GPO)	–	12:30	16:00	18:30
온워드 비치 리조트	10:20	12:37	16:07	18:37
리가 로얄 라구나 괌 리조트	10:24	12:41	16:11	18:41
힐튼 괌 리조트 앤 스파	10:32	12:49	16:19	18:49
PIC 괌 맞은편	10:35	12:52	16:22	18:52
파운틴 플라자	10:37	12:54	16:24	18:54
홀리데이 리조트 앤 스파 괌 맞은편	10:39	12:56	16:26	18:56
타오 호텔/그랜드 플라자	10:41	12:58	16:28	18:58
투몬 샌즈 플라자	10:45	13:02	16:32	19:02
하얏트 리젠시 괌 맞은편	10:47	13:04	16:34	19:04
T 갤러리아	–	13:09	16:39	19:09
JP 슈퍼스토어	10:50	13:12	16:42	19:12
웨스틴 리조트 괌 맞은편	10:52	13:14	16:44	19:14
호텔 닛코 괌	10:54	13:16	16:46	19:16
더 츠바키 타워	10:55	13:17	16:47	19:17
롯데 호텔 괌	10:56	13:18	16:48	19:18
마이크로네시아 몰	11:04	13:26	16:56	19:26

• 투몬 셔틀버스 남쪽 노선(마이크로네시아 몰 ↔ 투몬 ↔ GPO) – 10분 간격

정류장	1회	2회	3회	4회
마이크로네시아 몰	–	12:30	17:05	19:35
퍼시픽 플레이스	–	12:38	17:13	19:43
더 비치 레스토랑 앤 바	–	–	17:15	19:45
호텔 닛코 괌	10:20	12:42	17:17	19:47
더 츠바키 타워	10:21	12:43	17:18	19:48
롯데 호텔 괌	10:23	12:45	17:20	19:50
웨스틴 리조트 괌/ 괌 리프 앤 올리브 스파 리조트	10:25	12:47	17:22	19:52
두짓 비치 리조트/더 플라자	10:28	12:50	17:25	19:55
하얏트 리젠시 괌	10:30	12:52	17:27	19:57
투몬 샌즈 플라자	10:32	12:54	17:29	19:59
홀리데이 리조트 앤 스파 괌	10:34	12:56	17:31	20:01
PIC 괌	10:37	12:59	17:34	20:04
이파오 공원	10:39	13:01	17:36	20:06
힐튼 괌 리조트 앤 스파	10:42	13:04	17:39	20:09
리가 로얄 라구나 괌 리조트	10:50	13:12	17:47	20:17
온워드 비치 리조트	10:53	13:15	17:50	20:20
괌 프리미어 아웃렛(GPO)	11:01	13:23	17:58	–
무료 운행 노선				
괌 프리미어 아웃렛(GPO)	11:02	13:24	17:59	–
괌 뮤지엄	11:20	13:42	–	–
아가냐 쇼핑센터	11:25	13:47	18:14	–
괌 프리미어 아웃렛(GPO)	11:40	14:02	18:29	–

• 쇼핑몰 셔틀버스 – 10분 간격

※ 운행 여부 확인 필요

번호	정류장	출발 시간	막차 시간
13	괌 프리미어 아웃렛(GPO)	10:00	20:20
25	K 마트	10:10	20:30
22	마이크로네시아 몰	10:20	20:40
25	K 마트	10:30	20:50
13	괌 프리미어 아웃렛(GPO)	10:40	21:00

• T 갤러리아 ↔ K 마트 셔틀버스 – 20분 간격 ※ 운행 여부 확인 필요

번호	정류장	출발 시간	막차 시간
20	T 갤러리아	09:30	20:50
21	JP 슈퍼스토어	09:32	20:52
25	K 마트	09:58	21:18
20	T 갤러리아	10:08	21:28

• 괌 프리미어 아웃렛 ↔ 레오팔레스 셔틀버스 – 40분 간격 ※ 운행 여부 확인 필요

번호	정류장	출발 시간	막차 시간
27	레오팔레스 리조트	09:30	20:10
26	아가냐 쇼핑센터/ SM 스토어	09:50	20:30
13	괌 프리미어 아웃렛(GPO)	10:10	20:50
26	아가냐 쇼핑센터/ SM 스토어	10:30	21:10
27	레오팔레스 리조트	10:50	21:30

• 사랑의 절벽 셔틀버스 – 50분 간격(오전 출발) ※ 운행 여부 확인 필요

번호	정류장	출발 시간	막차 시간
20	T 갤러리아	09:30	18:00
21	JP 슈퍼스토어	09:33	18:03
22	마이크로네시아 몰	10:05	18:15
·	사랑의 절벽	09:39	19:00
20	T 갤러리아	09:48	19:10

• 사랑의 절벽 셔틀버스 – 50분 간격(오후 출발) ※ 운행 여부 확인 필요

번호	정류장	출발 시간	막차 시간
20	T 갤러리아	14:15	18:00
21	JP 슈퍼스토어	14:18	18:03
22	마이크로네시아 몰	14:30	18:15
·	사랑의 절벽	14:45	19:00
20	T 갤러리아	14:55	19:10

• 차모로 빌리지 ↔ 괌 프리미어 아웃렛(야시장 방문 시)

정류장	1회	2회	3회
괌 프리미어 아웃렛(GPO)	17:15	18:00	18:45
차모로 빌리지 도착	17:35	18:20	19:05
차모로 빌리지 출발	17:36	18:21	
괌 프리미어 아웃렛(GPO)	17:54	18:39	

• 차모로 빌리지 ↔ 투몬 시내(야시장에서 숙소로 복귀 시)

정류장	1회	2회	3회	4회
차모로 빌리지	19:10	19:30	20:20	20:45
온워드 비치 리조트	19:25	19:45	20:35	21:00
리가 로얄 라구나 괌 리조트	19:29	19:49	20:39	21:04
힐튼 괌 리조트 앤 스파	19:37	19:57	20:47	21:12
PIC 괌 맞은편	19:40	20:00	20:50	21:15
파운틴 플라자	19:42	20:02	20:52	21:17
홀리데이 리조트 맞은편	19:44	20:04	20:54	21:19
타오 호텔/그랜드 플라자	19:46	20:06	20:56	21:21
투몬 샌즈 플라자	19:50	20:10	21:00	21:25
하얏트 리젠시 괌 맞은편	19:52	20:12	21:02	21:27
JP 슈퍼스토어	19:55	20:15	21:05	21:30
웨스틴 호텔 맞은편	19:57	20:17	21:07	21:32
호텔 닛코 괌	19:59	20:19	21:09	21:34
더 츠바키 타워	20:00	20:20	21:10	21:35
롯데 호텔 괌	20:01	20:21	21:11	21:36

T 갤러리아 무료 셔틀버스

호텔에서 플레저 아일랜드로 가는 가장 저렴하고 편한 방법인 T 갤러리아 무료 셔틀버스. 투몬에서 가장 중심가라고 불리는 플레저 아일랜드, 그중에서도 센터에 위치한 T 갤러리아는 굳이 쇼핑하러 가지 않아도 괌 여행 중에 두세 번은 들러야 할 정도로 주변에 다양한 쇼핑, 맛집 스폿들이 즐비하다. T 갤러리아에서 운영하는 무료 셔틀버스는 북쪽 호텔(닛코, 롯데 호텔 등)을 도는 A노선과 T 갤러리아 기준으로 남쪽에 위치한 호텔(PIC 괌, 힐튼 호텔 등)을 도는 B노선이 있다.

※ 2022년 6월 현재 코로나19로 운행이 중단된 상태이다. 방문 전에 운행 여부를 확인하자.

• T 갤러리아 버스 노선(A 노선) – 20분 간격 ※ 운행 여부 확인 필요

정류장	출발 시간	막차 시간
T 갤러리아 출발	10:10	23:15
호텔 닛코 괌	09:55	22:55
롯데 호텔 괌	09:58	22:58
웨스틴 리조트 괌	10:01	23:01
괌 리프 앤 올리브 스파 리조트	10:04	23:04
T 갤러리아 도착	10:07	23:07

• T 갤러리아 버스 노선(B 노선) – 30분 간격 ※ 운행 여부 확인 필요

정류장	출발 시간	막차 시간
T 갤러리아 출발	10:19	23:20
홀리데이 리조트 앤 스파 괌	09:55	22:55
피에스타 리조트 괌	09:58	22:58
퍼시픽 스타 리조트 앤 스파	10:01	23:01
PIC 괌	10:04	23:04
힐튼 괌 리조트 앤 스파	10:07	23:07
로얄 오키드 호텔 괌	10:10	23:10
퍼시픽 베이 호텔	10:13	23:13
T 갤러리아 도착	10:16	23:16

괌 프리미어 아웃렛 무료 셔틀버스

괌 쇼핑 스폿 1위를 차지하고 있는 괌 프리미어 아웃렛에서 운영하는 무료 셔틀버스다. PIC를 들러 투몬 샌즈 플라자를 왕복하는 이 셔틀버스는 배차 시간 20~30분 사이로 운영돼 위치상으로 하갓냐에 가까운 괌 프리미어 아웃렛에 가려는 여행자들에게 편안한 이동 수단으로 사랑받고 있다. 알록달록한 색상을 자랑하는 이 버스는 정류장이 두 개이기 때문에 T 갤러리아를 들렀다가 남쪽으로 도보 5분 정도 내려오면 만날 수 있으므로 T 갤러리아 무료 셔틀버스와 함께 이용하면 더욱 효과가 좋다.

※ 2022년 6월 현재 코로나19로 운행이 중단된 상태이다. 방문 전에 운행 여부를 확인하자.

• 괌 프리미어 아웃렛 → 투몬 샌즈 플라자 ※ 운행 여부 확인 필요

정류장	출발 시간	막차 시간
괌 프리미어 아웃렛(GPO)	10:12	21:00
PIC 괌 맞은편	10:00	21:39
투몬 샌즈 플라자	종착역	종착역

• 투몬 샌즈 플라자 → 괌 프리미어 아웃렛 ※ 운행 여부 확인 필요

정류장	출발 시간	막차 시간
투몬 샌즈 플라자	10:12	22:00
PIC 괌	10:00	20:27
괌 프리미어 아웃렛(GPO)	종착역	종착역

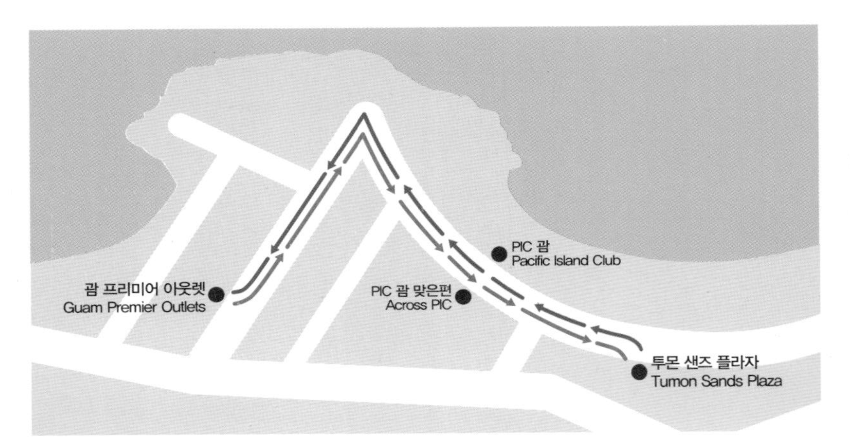

렌터카

괌 여행 시 가장 편리한 이동 수단이다. 투몬 주변에 대부분의 렌터카 업체가 몰려 있다. 현지에서 직접 계약하고 렌트하는 것보다는 출발 전에 미리 인터넷으로 가격 등을 비교하는 편이 더 저렴하다. 렌터카의 경우 차 종류, 보험 포함 유무, 연료 주입 양, 그 외 프로모션(와이파이 에그, 동승자 1인 추가)을 꼼꼼히 비교해 보는 것은 필수다. 숙소와 조금 거리가 있어도 대부분의 업체가 호텔이나 공항까지 픽업 서비스를 제공하니 너무 멀리 떨어져 있지만 않다면 큰 걱정은 하지 않아도 된다.

이용 방법

STEP 1 온라인 예약

예약증 출력. 필수 국내 운전면허증 + 신용 카드 챙기기.

STEP 2 예약 시 지정한 픽업 장소(호텔 또는 공항)에서 직원 미팅

전용 차량으로 업체 이동.

STEP 3 서류 작성 후 결제(신용 카드)

차량 상태 확인.

STEP 4 차량 인수

STEP 5 차량 사용

STEP 6 차량 반납

차량 상태 확인.

STEP 7 전용 차량으로 공항 이동 또는 호텔로 복귀

Tip. 렌터카 이용 방법 & 주의할 점

괌 여행자 대부분은 렌터카를 이용한다. 우리와 같이 운전석이 왼쪽에 있어 운전하는 데 크게 어렵지 않지만 미국 교통 법규를 사용하는 만큼 주의가 필요하다. 렌터카 이용 시 주의해야 할 내용은 아래와 같다.

① 운행 시 13세 미만 보조 안전장치 착용
② 출발 시 전 좌석 안전벨트 착용
③ 자동차에 아이만 두고 하차하거나 자리를 비우면 안 됨
④ 스쿨버스 정차 시 차량도 정지
⑤ 차내에 물건을 두고 내리지 말 것(유리창 파손 위험)
⑥ 대형 쇼핑센터 일방통행 주의
⑦ 급격한 차선 변경, 끼어들기 주의
⑧ 사고 발생 시 상대 운전자의 인적 사항(이름, 주소, 연락처, 면허증 번호, 차량 번호 등)을 기록하고 24시간 이내 경찰서, 렌터카업체, 보험사에 신고
⑨ 속도 제한 엄수, 경찰차가 차량을 세우라고 하면 반드시 차량을 세우고 경찰이 올 때까지 차 안에서 대기
⑩ 차량 반납 시 주유를 100% 채움

온라인 예약 및 가격 비교 사이트

• 렌털카스닷컴 Rentalcars.com (한국어 지원, www.rentalcars.com/Guam)

영국에 본사를 둔 렌터카 회사로, 괌을 포함한 전 세계 전역에 있는 렌터카들의 가격 비교를 도와주는 곳이다. 한국어 지원이 되기 때문에 영어를 못해도 차량 선택부터 결제까지 무리가 없다. 전 세계적인 서비스인 만큼 대부분의 자동차와 현지 업체에 대한 후기도 충분하기 때문에 후기를 잘 읽고 문제가 생길 만한 부분을 미리 준비할 수 있다는 점도 장점이다.

• 카약 Kayak (한국어 지원, www.kayak.co.kr)

처음 항공권 가격 비교 사이트로 시작해 이제는 호텔과 렌터카까지 취급하는 글로벌 가격 비교 사이트다. 렌털카스닷컴처럼 차량마다 다양한 옵션을 한눈에 확인할 수 있는 편한 UI와 한국어로 쉽게 선택부터 결제까지 할 수 있다는 점이 장점이다. 글로벌 사이트이다 보니 가끔 미국과 한국 사이트 공시 가격이 다르게 나온다. 영어 울렁증이 없다면 구매 전 영어 사이트(구글에서 영어로 Kayak 검색)를 확인해서 환율과 함께 비교해 보는 센스도 필요하다.

• 한인 렌터카 회사(한국어)

한인 렌터카 회사는 크게 자체적으로 렌터카를 보유하고 있는 업체와 현지 렌터카업체의 판매 대행 협약을 맺어 에이전시 형태로 운영하는 곳들로 나뉜다. 이런 업체들은 대부분 투어 상품과 호텔이나 여행 물품 대여 서비스까지 한 번에 하기 때문에 다른 투어 상품을 선택한다면 충분히 가격적인 메리트도 챙길 수 있다. 무엇보다 돌발 상황 발생 시 한국어 도움을 쉽게 받을 수 있다는 점이 가장 큰 장점이다.

Tip. 어떤 렌터카를 골라야 할까?

1. 한국 여행자들이 많이 찾는 괌은 다른 어떤 여행지보다 인터넷을 통한 한국어 서비스가 잘 갖추어져 있다. 그렇기 때문에 오히려 너무 많은 렌터카 업체들로 헷갈리는 경우가 많다. 하지만 대부분의 렌터카 업체는 ACE, TOYOTA, NISSAN 등 대형 업체의 판매 대행을 맡고 있는 경우이기 때문에 인터넷을 통한 가격 비교 사이트에서 선택하면 무난하게 고를 수 있다.
2. 한인 렌터카 업체들도 대부분 자체적으로 차를 보유하고 있는 경우가 있지만, 규모가 작고 가격적인 측면에서 큰 메리트는 없다. 다만, 사고나 고장 등 돌발 상황 발생 시에 사후 처리 부분에서 언어가 가장 중요한 역할을 하는 만큼 조금 더 돈을 들여서 렌트하는 것도 좋은 방법이다. 특히 가격 비교 사이트의 경우 여러 가지 옵션 비용들은 제각각이기 때문에 아이들을 위한 카 시트나 와이파이 에그 등 다양한 프로모션을 생각했을 때 큰 손해는 아니니 참고하자.
3. 너무 싼 가격의 렌터카는 일단 의심부터 하자. 가격 비교 사이트에 올라오는 자동차들은 대부분 사이트 자체에서 최소한의 검증을 하지만 그 외의 업체나 가끔 가격 비교 사이트에서도 너무 싼 가격의 렌터카가 올라온다면 일단 후기부터 검색해 보자.

사고 발생 시 조치

괌 여행 중 사고가 발생했다면 처리 과정을 꼭 기억해야 한다.

- 1단계 사고 발생 시 경찰서에 신고하기(국번 없이 911)
- 2단계 경찰이 올 때까지 기다렸다가 경찰이 오면 국제 운전면허증(국내 운전면허증)과 함께 상황 전달하기(영어 전달이 어려울 시에는 한국어 통역 서비스 이용)
- 3단계 경찰 조사 후 렌터카 업체에 연락 후 조치받기
- 4단계 바로 수리가 필요 없을 경우에는 반납할 때 사고 경위서 작성 후 보험 처리

알아 두면 유용한 렌터카 이용 팁

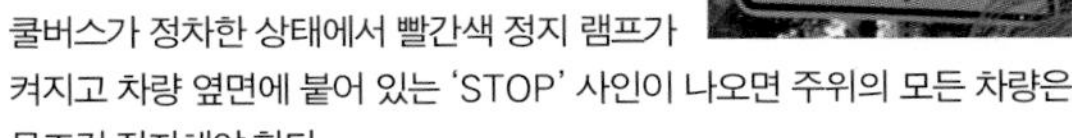

- 'STOP' 사인 엄수. 미국의 모든 교통 법규가 적용되는 괌은 운전 중 도로에 빨간색 육각형 간판인 STOP 사인이 적혀 있는 표지판을 볼 수 있는데, 이 앞에서는 무조건 정차한 후 2~3초 후에 다시 천천히 출발해야 한다.
- 미국 영화나 드라마에서 자주 나오는 노란색 스쿨버스가 정차한 상태에서 빨간색 정지 램프가 켜지고 차량 옆면에 붙어 있는 'STOP' 사인이 나오면 주위의 모든 차량은 무조건 정지해야 한다.
- 12세 이하의 어린이가 동승했을 경우 카 시트는 필수다. 우리나라보다 더 강력한 규제가 있어 혹시 카 시트 없는 상태에서 경찰에 적발당했을 경우 적지 않은 벌금을 낼 수 있다.
- 무료 주차장이 많은 괌에서 흔하게 벌어지는 일은 아니지만 노란색 차선이 그려져 있는 곳이나 도로 주변, 소방 도로 입구에 주차한 자동차는 바로 견인 및 벌금 조치되니 주의하자.
- 중앙 차선 룰에 대해서 숙지하자. 상행선과 하행선 사이에 있는 1차선짜리 중앙 도로는 비보호로 좌회전과 우회전을 할 수 있는 도로다. 신호등이 없지만 중앙 차선이 있어 좌회전과 우회전을 해야 하는 경우 이곳에 잠시 정차 후 맞은편 자동차 상황을 확인 후 넘어가면 된다.
- 타이어 점검은 필수다. 타이어 공기압이나 휠에 문제가 있을 경우, 보상 범위가 애매하기 때문에 자칫 덤터기를 쓸 수 있고, 사고에도 직결되는 부분이기 때문에 사전 점검 시에 확인해 보자.
- 야자수 밑에 주차하는 것은 되도록 피하자. 실제 야자 열매가 달려 있는 야자수가 많기 때문에 혹시라도 야자 열매가 떨어진다면 골치 아픈 일이 벌어질 수도 있다.

택시

택시가 주요 이동 수단이 아니기 때문에 택시를 잡는 것이 쉽지 않다. 주로 공항에서 숙소로 이동할 때 사용하는데, 대부분의 택시가 미터 택시지만 공항에서 이용하는 택시는 공항 이용료를 포함해서 $10 이상을 미리 부르는 게 일반적이다. 투몬 시내 이동 시에는 기본 요금 $2.4, 최초 1마일(1.6km)까지는 $4, 그 이후에는 1/4마일마다 $0.8로 한국에서 타는 택시를 생각하면 눈물 나는 가격이다. 택시는 주로 호텔 프런트나 대형 백화점에서 쉽게 잡을 수 있다. 최근에는 카카오톡을 이용한 한인 택시들도 많이 생겨서 조금 더 저렴한 가격과 편리한 픽업 서비스로 인기를 끌고 있다. 하지만 정식 택시 등록을 하지 않은 택시도 많기 때문에 사고 발생 시에 문제 소지가 생길 수 있으니 참고하자.

Tip. 택시 이용 팁

괌에도 우리와 같이 택시 호출 어플이 여럿 있다. 하지만 요금이나 서비스 측면으로 비교했을 때 호출 어플을 이용하기보다는 한인이 운영하는 미키 택시 Miki-Taxi를 추천한다. 해당 택시는 거리에서도 쉽게 볼 수 있고 택시 기사의 카카오톡 ID를 미리 알아 가면 언제 어디서든 편리하게 이용할 수 있다.

투어 버스

전국을 연결하는 버스가 있지만 지역에 따라 배차 시간이 길어 대중교통을 이용해 여러 곳을 돌아보기에는 어려움이 있다. 대중교통을 이용해 많은 곳을 다니려면 일반 노선보다는 여행자 전용 투어버스를 이용해 보자.

람람 투어 LAMLAM Tour(한국 판매 대행 사이트 이용)

일본 여행사에서 진행하는 투어로, 주로 'LAMLAM'이라고 적혀 있는 대형 버스(인원에 따라 밴 사용)를 타고 남부의 주요 스폿을 도는 투어다. 한국에서 파는 남부 버스 투어는 대부분 람람 투어라고 볼 수 있다. 일본 관광객이 주 이용 고객이고 한국 관광객 일부와 다른 나라 관광객도 함께하는 조인 투어로, 전문 가이드가 없기 때문에 언어적인 한계를 걱정할 필요는 없다. 출발 전 각 스폿에 대한 설명이 적혀 있는 간단한 가이드북을 나눠 주기 때문에 기본적인 정보는 알 수 있다.

남부 투어

(식사 미포함, 입장료 포함 / 소요 시간 3시간 30분 / 가격 대행 업체에 따라 다름 / 사전 예약 필수)

T 갤러리아/괌 프리미어 아웃렛GPO 탑승 → 하갓냐 성당 → 아산만 전망대 → 세티만 전망대 → 메리조 항구 → 곰 바위 → 게프 파고 차모로 문화 마을 → 마이크로네시아 몰, T 갤러리아, 괌 프리미어 아웃렛 하차

남부 택시 투어(업체에 따라 시간 및 가격이 상이함)

다른 관광객들과 함께 투어를 해야 하는 람람 투어와 달리 기준 인원 4명으로 택시나 밴을 타고 남부를 투어하는 것이다. 주로 택시 회사나 일반 소규모 여행사가 진행하는 패키지로 업체에 따라 코스와 시간 및 가격이 상이하기 때문에 미리 잘 알아보고 결정해야 한다.

자전거 대여

괌은 2박 3일 정도면 자전거로 괌 한바퀴를 둘러볼 수 있는 정도의 작은 섬이기 때문에 최근 서양 여행자들 사이에서 자전거로 괌을 여행하는 사람들을 하나둘 볼 수 있다. 또한 투몬 시내를 돌아다니거나 하갓냐를 둘러볼 때 버스를 기다리는 시간이 아깝고 투몬 시내를 둘러보고 싶은 여행자라면 자전거는 좋은 대안이 될 수 있다. 성인 여행자들이라면 자전거를 빌려서 큰 무리 없이 투몬과 하갓냐를 둘러볼 수 있으니 참고하자. 자전거는 현재 베로나 호텔 앞 일본 편의점인 편의점 오사카Convenience Store Osaka에서 대여할 수 있다.

- **주소** Tumon Shopping Center Building 1F, Pale San Vitores Road, Tumon
- **시간** 07:00~23:00
- **가격** $10(5시간), $18(5~23시간), $23(24시간)
- **홈페이지** www.csosakaguam.com
- **전화** 671-646-6706

괌을 즐기는 방법은 다양하다. 아름다운 비치는 물론 먹거리부터 쇼핑까지 다양해서 최소 4일 이상을 계획하는 것이 좋지만, 짧은 기간이라도 목적에 맞는 일정을 계획한다면 괌의 매력을 충분히 즐길 수 있다. 휴양을 목적으로 방문하는 여행자라면 리조트, 호텔이 모여 있는 투몬 지역을 중심으로 아름다운 비치와 쇼핑, 맛집을 돌아보는 일정을 추천하고, 렌터카를 이용하는 여행자라면 숙박 요금이 저렴한 지역에 숙소를 정하고 섬 전체를 돌아보는 일정을 추천한다. 대중교통을 이용하는 여행자라면 쇼핑몰 셔틀버스와 트롤리 버스가 운행하는 투몬 지역을 중심으로 돌아보는 일정을 계획해 보자. 어떻게 계획하느냐에 따라 달라지는 괌 여행이니 특별히 여행 일정을 준비하는 데 많은 시간을 소요하지 못하는 바쁜 여행자들이나 초보자들을 위해 추천 일정을 소개한다.

BEST COURSE

추천 코스

여행은 누구와 가느냐, 무엇을 하느냐에 따라 즐거움이 다르다. 동행별, 기간별, 테마별 코스를 추천한다. 자신의 여행 스타일에 맞는 코스를 그대로 따라 해도 좋고 응용해도 좋다.

동행별 여행 1

친구와 함께 떠나는 여행

친구와 함께 렌터카를 대여해 괌 여행을 떠난다면, 인생 사진을 남길 수 있는 아름다운 자연 경관과 그림 같은 추억을 남길 수 있는 스폿 위주로 계획해 보자. 한적하면서도 아름다운 천혜의 자연을 만날 수 있는 북부 지역과 사진 찍기 좋은 시크릿 스폿을 추천한다.

1일차	공항 ➡ 숙소 체크인 ➡ 비친 슈림프 ➡ 플레저 아일랜드
2일차	숙소 수영장 ➡ 에그 앤 띵스 ➡ 사랑의 절벽 ➡ 건 비치 ➡ 파이파이 비치 ➡ 더 비치 바 앤 그릴 ➡ 투몬 베이 랍스터 앤 그릴 ➡ 조이
3일차	알루팡 비치 클럽 ➡ 앙사나 스파 ➡ 더 포인트 ➡ 괌 프리미어 아웃렛
4일차	숙소 체크아웃 ➡ 팜 카페 ➡ 마이크로네시아 몰 ➡ K 마트 ➡ 테이블 35 ➡ 공항

Day 1
괌 국제공항 입국 후
렌터카 수령
숙소 체크인
도보
15분 내외
PM
4:00
저녁식사 비친 슈림프
도보
1분
PM
5:30
플레저 아일랜드
Day 2
AM
10:00
숙소 수영장
자동차
5분 내외
PM
12:30
점심식사 에그 앤 띵스
자동차
10분
PM
2:30
사랑의 절벽
자동차 10분
PM
4:30
건 비치(더 비치 바 앤 그릴
주차장 이용)
도보
10분
PM
6:00
파이파이 파우더 샌드
비치
도보
5분
PM
7:00
더 비치 바 앤 그릴
자동차 10분
PM
8:30
저녁식사 투몬 베이
랍스터 앤 그릴
자동차
3분
PM
10:00
조이

Day 3

AM 10:00

알루팡 비치 클럽

픽업 차량 10분 이상

숙소

자동차 10분 내외

PM 3:30

앙사나 스파

도보 2분

PM 5:30

저녁식사 더 포인트

택시 5분

PM 7:30

괌 프리미어 아웃렛

Day 4

숙소
체크아웃

자동차 10분 내외

AM 10:30

점심식사 팜 카페

자동차 3분

PM 2:00

마이크로네시아 몰

자동차 7분

PM 4:00

K 마트

자동차 7분

PM 6:00

저녁식사 테이블 35

자동차 7분

괌 국제공항에서
출국

동행별 여행 2

연인과 함께 떠나는 여행

사랑하는 연인과 함께 괌 여행을 떠난다면, 드라이브를 즐기며 둘만의 시간을 보낼 수 있는 남부 지역을 포함해, 넓고 한적한 북부 비치와 제법 격식 있는 다이닝 레스토랑을 이용하는 일정으로 계획해 보자. 무리한 일정보다는 여유로운 일정을 추천한다.

1일차	공항 ➡ 숙소 체크인 ➡ 카프리초사 ➡ T 갤러리아
2일차	우마탁 마을 ➡ 솔레다드 요새 ➡ 이나라한 자연 풀장 ➡ 제프스 파이러츠 코브 ➡ 사랑의 절벽 ➡ 건 비치 ➡ 시 그릴
3일차	리티디안 포인트 ➡ 비키니 아일랜드 클럽 ➡ 괌 프리미어 아웃렛 ➡ 테이블 35
4일차	숙소 수영장 ➡ 숙소 체크아웃 ➡ 메스클라 도스 ➡ K 마트 ➡ 공항

Day 1

괌 국제공항 입국 후 렌터카 수령

숙소 체크인

→ 도보 15분 내외

PM 5:00 저녁식사 카프리초사

→ 도보 3분

PM 7:30 T 갤러리아

Day 2

AM 10:00 우마탁 마을

→ 자동차 3분

AM 10:30 솔레다드 요새

↓ 자동차 20분

AM 11:00 이나라한 자연 풀장

← 자동차 15분

PM 12:30 점심식사 제프스 파이러츠 코브

← 자동차 30분

PM 3:00 사랑의 절벽

↓ 자동차 10분

PM 5:30 건 비치(더 비치 바 앤 그릴 주차장 이용)

→ 자동차 5분

PM 7:00 저녁식사 시 그릴

Day 3

AM 10:00

리티디안 포인트

→ 자동차 30분 내외

숙소

→ 픽업 차량 10분 이상

PM 1:00

비키니 아일랜드 클럽

↓ 픽업 차량 10분 이상

숙소

← 자동차 10분 내외

PM 6:00

괌 프리미어 아웃렛

← 자동차 3분

PM 7:30

저녁식사 테이블 35

Day 4

AM 10:00

숙소 수영장

→

숙소
체크아웃

↓ 자동차 5분 내외

PM 1:30

점심식사 메스클라 도스

← 자동차 2분

PM 3:00

K 마트

← 자동차 7분

괌 국제공항에서
출국

• 동행별 여행 3 •

아이와 함께 떠나는 여행

아이와 함께 괌 여행을 떠난다면 관광지 위주의 이동 거리가 많은 코스보다는 리조트나 맛집, 쇼핑 스폿을 선택해서 둘러보는 일정을 계획해 보자. 활동하는 것과 물놀이를 좋아하는 아이 특성상 수영장 시설이 좋은 투몬 지역 숙소를 추천한다.

1일차	공항 ➡ 숙소 체크인 ➡ 자메이칸 그릴
2일차	알루팡 비치 클럽 ➡ 타오타오 타시 비치 디너쇼
3일차	에그 앤 띵스 ➡ 사랑의 절벽 ➡ 마이크로네시아 몰 ➡ 피에스타 푸드 코트 ➡ 언더워터 월드 ➡ 브리지스 선셋 바비큐
4일차	숙소 체크아웃 ➡ 게프 파고 차모로 문화 마을 ➡ 이나라한 자연 풀장 ➡ 제프스 파이러츠 코브 ➡ K 마트 ➡ 공항

Day 1

괌 국제공항 입국 후
렌터카 수령

숙소 체크인

도보
15분 내외
또는
자동차
5분 내외

PM 6:30

저녁식사 자메이칸 그릴

Day 2

AM 9:30

알루팡 비치 클럽

픽업 차량
10분 이상

숙소

도보
10분 내외

PM 4:00

저녁식사 타오타오 타시 비치 디너쇼

Day 3

AM 11:30

에그 앤 띵스

→ 자동차 10분

PM 1:00

사랑의 절벽

→ 자동차 5분

PM 2:00

마이크로네시아 몰

↓ 2층

PM 2:30

점심식사 피에스타 푸드 코트

← 자동차 7분

PM 4:30

언더워터 월드

← 자동차 3분

PM 6:30

저녁식사 브리지스 선셋 바비큐

Day 4

숙소 체크아웃

→ 자동차 45분

AM 10:30

게프 파고 차모로 문화 마을

→ 자동차 3분

PM 12:30

이나라한 자연 풀장

↓ 자동차 7분

PM 2:30

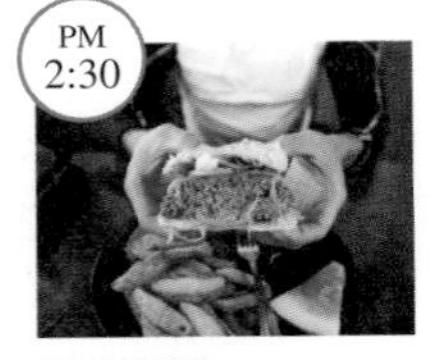

점심식사 제프스 파이러츠 코브

← 자동차 30분

PM 4:00

K 마트

← 자동차 7분

괌 국제공항에서 출국

• 동행별 여행 4 •

부모님과 함께 떠나는 여행

부모님과 함께 괌 여행을 떠난다면 이동 거리는 최소화하면서 괌의 매력을 느낄 수 있는 스폿 위주로 일정을 계획해 보자. 렌터카를 이용한 섬 드라이브보다는 음식점과 다양한 스폿이 모여 있는 투몬 위주의 일정을 추천한다.

1일차	공항 → 숙소 체크인 → 투몬 베이 랍스터 앤 그릴
2일차	투몬 비치 → 카프리초사 → T 갤러리아 → JP 슈퍼 스토어 → 타오타오 타시 비치 디너쇼
3일차	알루팡 비치 클럽 → 사랑의 절벽 → 세일즈 바비큐
4일차	숙소 수영장 → 숙소 체크아웃 → 괌 프리미어 아웃렛 → 프로아 → K 마트 → 공항

Day 1

괌 국제공항 입국 후
렌터카 수령

숙소 체크인

도보 15분 내외 또는 자동차 5분 내외

PM 6:30

저녁식사 투몬 베이 랍스터 앤 그릴

Day 2

AM 10:00

투몬 비치

도보 15분 내외 또는 자동차 5분 내외

PM 12:30

점심식사 카프리초사

도보 2분

PM 2:00

T 갤러리아

도보 1분

PM 4:00

JP 슈퍼스토어

자동차 5분

PM 6:00

타오타오 타시 비치 디너쇼(더 비치 바 앤 그릴 주차장 이용)

Day 3

AM 10:00

알루팡 비치 클럽

→ 픽업 차량 10분 이상

숙소

↓ 자동차 10분 내외

PM 2:00

사랑의 절벽

← 자동차 10분

PM 6:00

저녁식사 세일즈 바비큐

Day 4

AM 10:00

숙소 수영장

→

숙소
체크아웃

→ 자동차 10분 내외

PM 12:00

괌 프리미어 아웃렛

↓ 자동차 5분

PM 2:30

점심식사 프로아

← 자동차 7분

PM 4:30

K 마트

← 자동차 7분

괌 국제공항에서
출국

• 기간별 여행 1 •

금토일 여행

직장인이 금요일 월차를 사용해 저녁 비행기로 주말 동안 괌을 방문하는 일정으로, 많은 것을 보기보다는 알짜 명소를 돌아보는 코스를 추천한다.
(본 코스는 목요일 밤 저녁 인천에서 출발, 월요일 새벽 괌에서 출발하는 일정이다.)

1일차	공항 ➡ 숙소 체크인
2일차	비키니 아일랜드 클럽 ➡ 더 비치 바 앤 그릴 ➡ 프로아 ➡ 괌 프리미어 아웃렛
3일차	숙소 체크아웃 ➡ 피카스 카페 ➡ 사랑의 절벽 ➡ 리티디안 포인트 ➡ 마이크로네시아 몰 ➡ 피에스타 푸드 코트 ➡ K 마트 ➡ 공항
4일차	공항 출국

Day 1

괌 국제공항 입국 후
렌터카 수령

숙소 체크인

Day 2

AM 9:30

비키니 아일랜드 클럽

픽업 차량
10분 이상

숙소

자동차 5분 내외

PM 3:00

더 비치 바 앤 그릴

자동차
10분

PM 5:30

저녁식사 프로아

자동차
5분

PM 7:00

괌 프리미어 아웃렛

Day 3

숙소
체크아웃

→ 자동차 7분 내외

PM 12:00

점심식사 피카스 카페

→ 자동차 10분

PM 1:30

사랑의 절벽

↓ 자동차 30분

PM 3:00

리티디안 포인트

← 자동차 25분

PM 4:30

마이크로네시아 몰

← 2층

PM 6:00

저녁식사 피에스타
푸드 코트

↓ 자동차 7분

PM 7:00

K 마트

→ 자동차 7분

괌 국제공항

Day 4

괌 국제공항에서
출국

기간별 여행 2

3박 4일 여행

가장 많은 여행객이 괌을 방문하는 기간으로, 살짝 아쉬운 일정이지만 대표 명소를 포함해 쇼핑 스폿까지 돌아볼 수 있다. 조금 더 여유로운 일정을 원한다면 조금 이른 오전 시간대에 출발하는 항공편을 이용하는 것을 추천한다.

1일차	공항 ➡ 숙소 체크인 ➡ 건 비치 ➡ 파이파이 파우더 샌드 비치 ➡ 타오타오 타시 비치 디너쇼
2일차	알루팡 비치 클럽 ➡ 차모로 빌리지 ➡ 하갓냐 대성당 ➡ 칼리엔테 ➡ 산타 아구에다 요새 ➡ 괌 프리미어 아웃렛
3일차	솔레다드 요새 ➡ 이나라한 자연 풀장 ➡ 제프스 파이러츠 코브 ➡ 사랑의 절벽 ➡ 마이크로네시아 몰 ➡ 피에스타 푸드 코트 ➡ 하드 록 카페
4일차	숙소 체크아웃 ➡ 프로아 ➡ K 마트 ➡ 공항

Day 1

괌 국제공항 입국 후 렌터카 수령

숙소 체크인

도보 10분 내외

PM 4:00 건 비치(더 비치 바 앤 그릴 주차장 이용)

도보 5분

PM 4:30 파이파이 파우더 샌드 비치

도보 5분

PM 6:00 저녁식사 타오타오 타시 비치 디너쇼

Day 2

AM 10:00 알루팡 비치 클럽

픽업 차량 10분 이상

숙소

자동차 15분 내외

PM 2:00 차모로 빌리지

도보 5분

PM 3:00 하갓냐 대성당

도보 2분

PM 4:30 저녁식사 칼리엔테

자동차 3분

PM 6:00 산타 아구에다 요새

자동차 7분

PM 7:00 괌 프리미어 아웃렛

Day 3

AM 11:00
솔레다드 요새
자동차 20분
PM 12:00
이나라한 자연 풀장
자동차 5분
PM 2:00
점심식사 제프스 파이러츠 코브
자동차 40분
PM 4:00
사랑의 절벽
자동차 5분
PM 5:00
마이크로네시아 몰
2층
PM 6:00
저녁식사 피에스타 푸드 코트
자동차 5분
PM 7:00
하드 록 카페

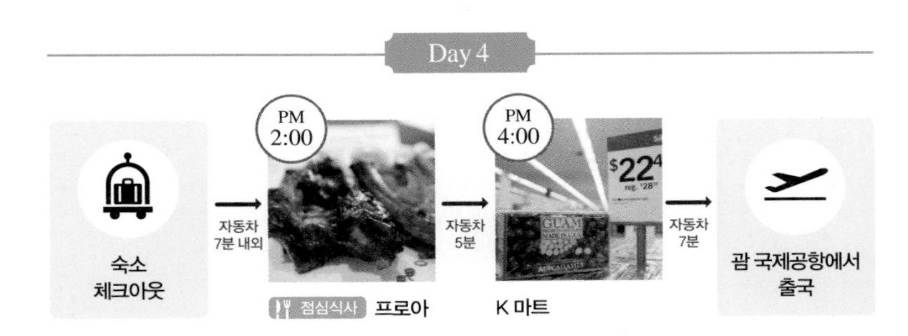
Day 4
숙소 체크아웃
자동차 7분 내외
PM 2:00
점심식사 프로아
자동차 5분
PM 4:00
K 마트
자동차 7분
괌 국제공항에서 출국

• 기간별 여행 3 •

4박 5일 여행

4박 5일 일정이면 투몬 시내를 비롯해 괌 북부와 남부 지역까지도 여유롭게 돌아보는 일정이 가능하다. 단 이동 거리가 제법 있는 만큼 안전 운전은 필수다. 보는 것보다는 휴식을 선호하는 편이라면 언제든지 쉴 수 있는 비치 수건을 챙겨 가자.

1일차	공항 → 숙소 체크인 → 더 포인트 → 괌 프리미어 아웃렛
2일차	알루팡 비치 클럽 → 플레저 아일랜드 → 투몬 베이 랍스터 앤 그릴
3일차	에그 앤 띵스 → 리티디안 포인트 → 사랑의 절벽 → 마이크로네시아 몰 → 프로아
4일차	셜리스 커피숍 → 차모로 빌리지 → 파세오 드 수사나 공원 → 하갓냐 대성당 → 솔레다드 요새 → 이나라한 자연 풀장 → 제프스 파이러츠 코브 → 하드 록 카페
5일차	숙소 체크아웃 → 피카스 카페 → K 마트 → 공항

Day 1

괌 국제공항 입국 후
렌터카 수령

숙소 체크인

→ 자동차 10분 내외

PM 5:30

저녁식사 더 포인트
(리가 로얄 라구나 괌 리조트
주차장 이용)

→ 자동차 5분

PM 7:00

괌 프리미어 아웃렛

Day 2

AM 10:00

알루팡 비치 클럽

→ 픽업 차량 10분 이상

숙소

↓ 도보 10분 내외

PM 4:00

플레저 아일랜드

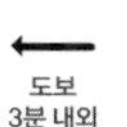

← 도보 3분 내외

PM 6:00

저녁식사 투몬 베이
랍스터 앤 그릴

Day 3

AM 11:30

점심식사 에그 앤 띵스

→ 자동차 25분

PM 2:00

리티디안 포인트

↓ 자동차 30분

PM 3:30

사랑의 절벽

← 자동차 5분

PM 5:00

마이크로네시아 몰

← 자동차 8분

PM 7:30

저녁식사 프로아

Day 4

PM 11:00

점심식사 셜리스 커피숍

→ 자동차 5분

PM 12:30

차모로 빌리지

→ 도보 2분

PM 2:00

파세오 드 수사나 공원

PM 3:00

도보 5분 →

하갓냐 대성당

자동차 30분 →

PM 4:00

솔레다드 요새

자동차 20분 →

PM 4:30

이나라한 자연 풀장

↓ 자동차 5분

PM 5:30

저녁식사 제프스 파이러츠 코브

← 자동차 30분

PM 7:00

하드 록 카페

Day 5

숙소 체크아웃

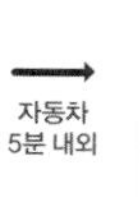

자동차 5분 내외 →

AM 11:30

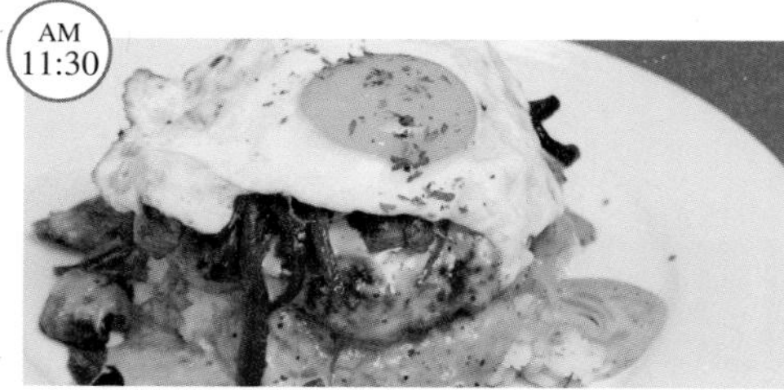

점심식사 피카스 카페

↓ 자동차 7분

PM 2:00

K 마트

← 자동차 7분

괌 국제공항에서 출국

테마별 여행 1

쇼핑 여행

최근 쇼핑만을 목적으로 괌을 방문하는 여행객이 늘고 있다. 섬 전체가 면세 구역인 만큼 쇼핑은 괌 여행에서 놓칠 수 없는 포인트기도 하다. 쇼핑을 목적으로 괌을 방문하는 여행자를 위해 인기 매장을 둘러보는 테마 일정을 소개한다.

1일차	공항 ➡ 숙소 체크인 ➡ 투몬 샌즈 플라자 ➡ T 갤러리아 ➡ JP 슈퍼스토어 ➡ 고기요 ➡ 더 플라자
2일차	마이크로네시아 몰 ➡ 갭 ➡ 비타민 월드 ➡ 로스 ➡ 메이시스 ➡ 풋 로커 ➡ 피에스타 푸드 코트 ➡ K 마트 ➡ 괌 프리미어 아웃렛 ➡ 테이블 35
3일차	투몬 비치 ➡ 칼리엔테 ➡ 아가냐 쇼핑센터 ➡ 플레저 아일랜드 ➡ 카프리초사
4일차	숙소 체크아웃 ➡ 피카스 카페 ➡ 공항

Day 1

괌 국제공항 입국 후 렌터카 수령

숙소 체크인

도보 15분 내외

AM 4:00

투몬 샌즈 플라자

도보7분

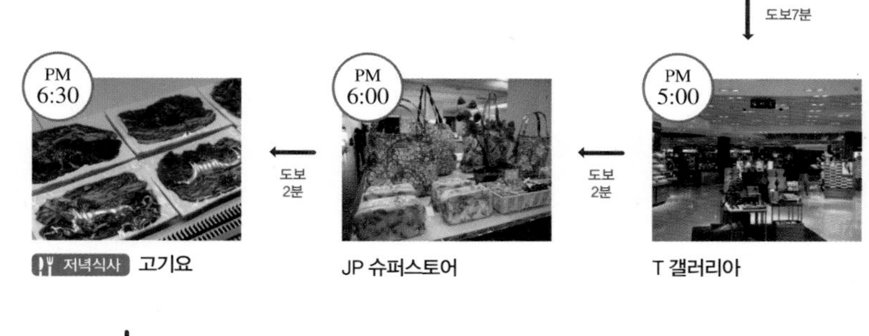

PM 5:00 T 갤러리아

도보 2분

PM 6:00 JP 슈퍼스토어

도보 2분

PM 6:30 저녁식사 고기요

도보 3분

PM 8:00

더 플라자

Day 2

AM 11:00
마이크로네시아 몰
1층
AM 11:10
갭
1층
PM 11:40
VITAMIN WORLD
비타민 월드
1층
PM 12:00
ROSS DRESS FOR LESS
로스
1,2층
PM 12:30
macy's
MEN'S·CHILDREN'S·HOME
메이시스
2층
PM 1:00
풋 로커
2층
PM 2:00
점심식사 피에스타 푸드 코트
자동차 7분
PM 3:30
K 마트
자동차 7분
PM 4:30
괌 프리미어 아웃렛
자동차 5분
PM 7:00
저녁식사 테이블 35

Day 3

AM 11:30

투몬 비치

자동차 10분

PM 1:00

점심식사 칼리엔테

자동차 3분

PM 2:30

아가냐 쇼핑센터

자동차 20분

PM 4:30

플레저 아일랜드

자동차 2분

PM 6:00

저녁식사 카프리초사

Day 4

숙소 체크아웃

자동차 5분 내외

PM 2:00

점심식사 피카스 카페

자동차 7분

괌 국제공항에서 출국

• 테마별 여행 2 •

먹방 여행

볼거리, 즐길 거리보다 오로지 여행지에서의 먹방을 중요시하는 여행자를 위한 일정이다. 우리의 음식과 비교하면 간이 약간 짜서 호불호가 갈리지만 괌 현지인은 물론 여행자들 사이에서 유명한 맛집을 둘러보자.

1일차	공항 ➡ 숙소 체크인 ➡ 비친 슈림프 ➡ 투몬 비치 ➡ 더 포인트 ➡ 프로아
2일차	에그 앤 띵스 ➡ 플레저 아일랜드 ➡ 피카스 카페 ➡ 차모로 빌리지 ➡ 파세오 드 수사나 공원 ➡ 솔레다드 요새 ➡ 이나라한 자연 풀장 ➡ 제프스 파이러츠 코브 ➡ 사랑의 절벽 ➡ 하드 록 카페
3일차	셜리스 커피숍 ➡ 괌 프리미어 아웃렛 ➡ 하갓냐 대성당 ➡ 라테 스톤 공원 ➡ 칼리엔테 ➡ 산타 아구에다 요새 ➡ 타오타오 타시 비치 디너쇼 ➡ 투몬 베이 랍스터 앤 그릴
4일차	카프리초사 ➡ 숙소 수영장 ➡ 숙소 체크아웃 ➡ 테이블 35 ➡ K 마트 ➡ 메스클라도스 ➡ 공항

Day 1

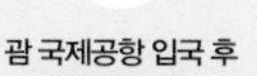

괌 국제공항 입국 후
렌터카 수령

숙소 체크인

→ 자동차 5분 내외

AM 11:30

점심식사 비친 슈림프

↓ 도보 1분

PM 12:30

투몬 비치

← 자동차 15분 내외

PM 4:30

더 포인트(리가 로얄 라구나 괌 리조트 주차장 이용)

← 자동차 10분

PM 7:00

저녁식사 프로아

Day 2

AM 11:00
에그 앤 띵스
도보 1분
PM 1:00
COACH
플레저 아일랜드
자동차 7분
PM 2:30
점심식사 피카스 카페
자동차 10분
PM 4:00
차모로 빌리지
도보 2분
PM 4:30
파세오 드 수사나 공원
자동차 20분
PM 5:00
솔레다드 요새
자동차 20분
PM 5:30
이나라한 자연 풀장
자동차 15분
PM 6:00
제프스 파이러츠 코브
자동차 30분
PM 7:00
사랑의 절벽
자동차 7분
PM 8:30
저녁식사 하드 록 카페

Day 3

AM 10:00
셜리스 커피숍
자동차 3분
PM 12:00
괌 프리미어 아웃렛
자동차 7분
PM 2:00
하갓냐 대성당
도보 2분
PM 2:30
라테 스톤 공원
도보 3분
PM 3:00
점심식사 칼리엔테
자동차 3분
PM 4:30
산타 아구에다 요새
자동차 25분
PM 6:00
저녁식사 타오타오 타시 비치 디너쇼
자동차 5분
PM 8:30
투몬 베이 랍스터 앤 그릴

Day 4

AM 11:00

카프리초사

↓ 도보 15분 내외

PM 12:30

숙소 수영장

→

숙소 체크아웃

→ 자동차 10분

PM 4:00

점심식사 테이블 35

↓ 자동차 7분

PM 5:30

K 마트

← 도보 2분

PM 6:30

메스클라 도스

← 자동차 7분

괌 국제공항에서 출국

테마별 여행 3

힐링 여행

일상에서 벗어나 휴식을 만끽하기 위해 괌을 방문한 여행자라면 리조트 내 시설을 이용하고, 하루 정도는 사람이 많지 않은 남부 지역을 돌아보길 추천한다. 지친 몸을 치유하는 5성급 스파도 좋고 비치에 누워 읽고 싶은 책을 보고 음악을 듣는 여유도 추천한다.

1일차	공항 ➡ 숙소 체크인 ➡ 브리지스 선셋 바비큐
2일차	숙소 수영장 ➡ 투몬 비치 ➡ 에그 앤 띵스 ➡ 언더워터 월드 ➡ 건 비치 ➡ 더 비치 바 앤 그릴 ➡ 비친 슈림프
3일차	하갓냐 대성당 ➡ 칼리엔테 ➡ 아산 비치 태평양 전쟁 국립 역사 공원 ➡ 우마탁 마을 ➡ 솔레다드 요새 ➡ 더 포인트 ➡ 괌 프리미어 아웃렛
4일차	숙소 체크아웃 ➡ 투레 카페 ➡ 피카스 카페 ➡ K 마트 ➡ 공항

Day 1

저녁식사 브리지스 선셋 바비큐

Day 2

Day 3
AM 11:30
하갓냐 대성당
도보 2분
PM 12:30
점심식사 칼리엔테
자동차 6분
PM 2:00
아산 비치 태평양 전쟁 국립 역사 공원
자동차 30분
PM 4:00
우마탁 마을
자동차 2분
PM 4:30
솔레다드 요새
자동차 40분
PM 5:30
저녁식사 더 포인트
(리가 로얄 라구나 괌 리조트
주차장 이용)
자동차 5분
PM 7:00
괌 프리미어 아웃렛
Day 4
숙소
체크아웃
자동차 10분 내외
AM 11:30
투레 카페
자동차 7분
PM 2:00
점심식사 피카스 카페
자동차 5분
PM 4:00
K 마트
자동차 7분
괌 국제공항에서
출국

NOW

지 역 여 행

서태평양에 위치한 미국령 괌은 아름다운 경치와 맛있는 음식 그리고 쇼핑과 해양 스포츠를 즐길 수 있는 매력적인 휴양지이다. 특별한 체험이 기다리는 괌으로 지금 떠나자.

투몬·
타무닝

Tumon·Tamuning

괌 여행의 필수 방문지이자 쇼핑의 중심지

괌 국제공항인 안토니오 B. 원 팻 국제공항이 위치한 투몬·타무닝 지역은 괌 관광 산업의 중심이자 레저 및 쇼핑의 중심지다. 흰색의 산호모래와 에메랄드빛 바다로 유명한 투몬 비치 옆으로 고급 호텔이 즐비하고, T 갤러리아를 비롯해 유명 쇼핑몰과 인기 음식점이 가득해 괌을 방문하는 여행자라면 한 번쯤 들르게 되는 대표 지역이다. 다른 지역에 비해 돌아볼 만한 명소는 많지 않지만 해변에서 휴식을 취하거나 쇼핑, 식도락을 즐기기에는 제격인 곳으로 해가 뜨기 시작하는 새벽녘부터 늦은 저녁까지 괌이 가지고 있는 편안한 매력을 즐기기에 충분하다. 대중교통이 좋지 않은 괌에서 유일하게 렌터카 없이 여행할 수 있는 지역으로 트롤리 버스와 쇼핑몰 무료 셔틀버스가 자주 운행하고 있다.

힐튼 괌 리조트 앤 스파
Hilton Guam Resort & Spa

이파오 비치 공원
Ypao Beach Park

거버너 조지프 플로레스 비치 공원
Governor Joseph Flores Beach Park

프로아
Proa

타무닝 초등학교
Tamuning Elementary School

페이레스 슈퍼마켓
Pay-Less Supermarket

리가 로얄 라구나 괌 리조트
RIHGA Royal Laguna Guam Resort

더 포인트
The Point

앙사나 스파
Angsana Spa

온워드 비치 리조트
Onward Beach Resort

스리 스퀘어
Three Squares

셜리스 커피숍
Shirley's Coffe Shop

파이올로지 Pieology

캘리포니아 마트
California Mart

롱혼 스테이크하우스
LongHorn Steakhouse

괌 프리미어 아웃렛
Guam Premier Outlets

웬디스
Wendy's

GPO 푸드 코트
GPO Food Court

킹스
King's

로스
Ross

론 스타 스테이크하우스
Lone Star Steakhouse

테이블 35
Table 35

타무닝 우체국
Tamuning Post Office

알루팡 비치 클럽
Alupang Beach Club

안토니오 B. 원 팻 국제공항
Antonio B. Won Pat International Airport

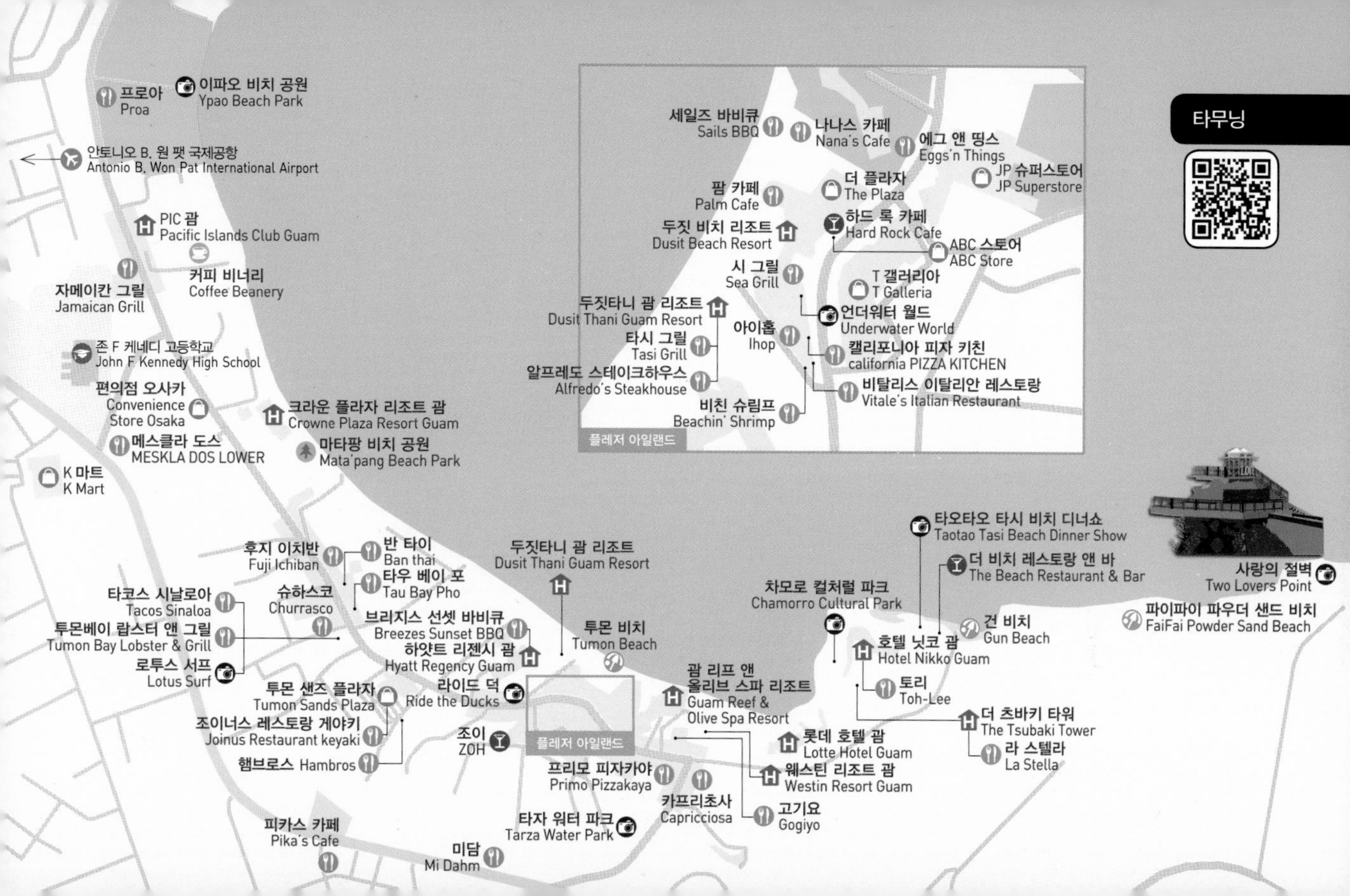
타무닝
프로아
Proa
이파오 비치 공원
Ypao Beach Park
안토니오 B. 원 팻 국제공항
Antonio B. Won Pat International Airport
PIC 괌
Pacific Islands Club Guam
커피 비너리
Coffee Beanery
자메이칸 그릴
Jamaican Grill
존 F 케네디 고등학교
John F Kennedy High School
편의점 오사카
Convenience Store Osaka
크라운 플라자 리조트 괌
Crowne Plaza Resort Guam
메스클라 도스
MESKLA DOS LOWER
마타팡 비치 공원
Mata'pang Beach Park
K 마트
K Mart
세일즈 바비큐
Sails BBQ
나나스 카페
Nana's Cafe
에그 앤 띵스
Eggs'n Things
JP 슈퍼스토어
JP Superstore
팜 카페
Palm Cafe
더 플라자
The Plaza
하드 록 카페
Hard Rock Cafe
두짓 비치 리조트
Dusit Beach Resort
ABC 스토어
ABC Store
시 그릴
Sea Grill
T 갤러리아
T Galleria
두짓타니 괌 리조트
Dusit Thani Guam Resort
언더워터 월드
Underwater World
아이홉
Ihop
타시 그릴
Tasi Grill
캘리포니아 피자 키친
california PIZZA KITCHEN
알프레도 스테이크하우스
Alfredo's Steakhouse
비탈리스 이탈리안 레스토랑
Vitale's Italian Restaurant
비친 슈림프
Beachin' Shrimp
플레저 아일랜드
타오타오 타시 비치 디너쇼
Taotao Tasi Beach Dinner Show
더 비치 레스토랑 앤 바
The Beach Restaurant & Bar
사랑의 절벽
Two Lovers Point
파이파이 파우더 샌드 비치
FaiFai Powder Sand Beach
후지 이치반
Fuji Ichiban
반 타이
Ban thai
타우 베이 포
Tau Bay Pho
두짓타니 괌 리조트
Dusit Thani Guam Resort
타코스 시날로아
Tacos Sinaloa
슈하스코
Churrasco
브리지스 선셋 바비큐
Breezes Sunset BBQ
투몬베이 랍스터 앤 그릴
Tumon Bay Lobster & Grill
하얏트 리젠시 괌
Hyatt Regency Guam
투몬 비치
Tumon Beach
차모로 컬처럴 파크
Chamorro Cultural Park
건 비치
Gun Beach
로투스 서프
Lotus Surf
호텔 닛코 괌
Hotel Nikko Guam
투몬 샌즈 플라자
Tumon Sands Plaza
라이드 덕
Ride the Ducks
괌 리프 앤 올리브 스파 리조트
Guam Reef & Olive Spa Resort
토리
Toh-Lee
조이너스 레스토랑 게야키
Joinus Restaurant keyaki
더 츠바키 타워
The Tsubaki Tower
조이
ZOH
플레저 아일랜드
롯데 호텔 괌
Lotte Hotel Guam
라 스텔라
La Stella
햄브로스 Hambros
프리모 피자카야
Primo Pizzakaya
웨스틴 리조트 괌
Westin Resort Guam
카프리초사
Capricciosa
피카스 카페
Pika's Cafe
타자 워터 파크
Tarza Water Park
고기요
Gogiyo
미담
Mi Dahm

교통편 괌은 대체로 대중교통이 좋지 않은 편이다. 특히 공항에서 시내로의 이동은 버스, 리무진 등 대중교통이 없어 택시 또는 렌터카나 호텔에서 제공하는 픽업 차량을 이용해야 한다. 출국장에서 나와 출구로 나오면 안내판을 들고 택시를 잡아 주는 직원들을 만날 수 있다. 직원에게 목적지를 이야기하면 요금과 예상 소요 시간을 알려 주고 가격 합의가 되면 택시를 불러 준다. 한 가지 참고할 것은 같은 목적지라도 업체에 따라 가격이 다르다는 것. 투몬·타무닝 지역에 위치한 호텔은 대부분 $25~30이며, 캐리어당 $1를 추가로 지불해야 하니 참고하자. 공항에서 투몬·타무닝까지는 택시로 약 10~15분 소요된다.

동선 팁 투몬·타무닝 지역은 규모가 크지 않아 하루 또는 이틀 정도면 충분히 돌아볼 수 있다. 호텔이 밀집한 투몬 베이는 도보로 돌아보는 것으로도 충분하지만 그 외 지역은 버스나 쇼핑몰에서 운영하는 셔틀버스를 이용해야 한다. 햇볕이 뜨겁지 않은 오전에는 호텔 수영장이나 비치에서 시간을 보내고 11시 이후부터 명소나 쇼핑센터를 둘러보는 일정으로 계획하자. 햇살이 누그러지는 오후 시간대가 되면 다시 비치에 가서 일몰을 감상하고 해가 진 이후에는 먹거리나 쇼핑을 즐기는 일정을 추천한다.

Best Course

연인과 함께

숙소 조식 및 수영장 즐기기
↓ 버스 20분
사랑의 절벽
↓ 버스 20분
T 갤러리아
↓ 도보 1분
에그 앤 띵스
↓ 도보 3분
투몬 비치
↓ 도보 10분
건비치, 더 비치 레스토랑 앤 바(칵테일 & 선셋)
↓ 도보 10분
플레저 아일랜드(디너 & 쇼핑)

아이와 함께

숙소 수영장
↓ 도보 5분
카프리초사
↓ 도보 2분
언더워터 월드
↓ 버스 10분
마이크로네시아 몰
↓ 버스 10분
사랑의 절벽
↓ 버스 20분
플레저 아일랜드
↓ 도보 5분
바비큐 & 전통 공연 감상(숙소 또는 업체)

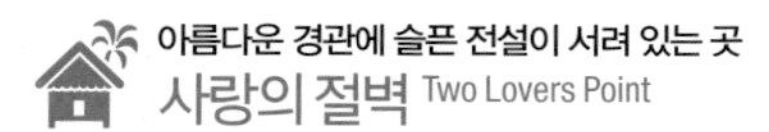

아름다운 경관에 슬픈 전설이 서려 있는 곳

사랑의 절벽 Two Lovers Point

주소 Two Lovers Point, Tamuning **위치** ❶ T 갤러리아에서 자동차 7분 ❷ T 갤러리아에서 버스 약 20분 **시간** 07:00~19:00 **요금** $3, 6세 미만 무료 **홈페이지** www.puntandosamantes.com **전화** 671-647-4107

괌을 방문하는 거의 모든 여행객이 들르는 인기 명소. 투몬 베이Tumon Bay 북쪽의 아찔한 절벽 위에 자리 잡고 있는 이곳은 이름에서도 알 수 있듯이 사랑에 대한 전설이 전해지는 곳이다. 전설에 의하면 스페인 정복 시기(1565~1898년)에 스페인 귀족인 아버지와 차모로 족장 딸이 결혼해 예쁜 딸을 낳았다. 잘 자란 소녀는 스페인 장교에게 결혼을 강요받았는데, 결혼을 요구하는 장교와 아버지의 뜻을 거부한 소녀는 살고 있던 하갓냐Hagåtña를 벗어나 괌 북쪽으로 도망쳐 한적한 해안에서 생활을 시작했다. 달빛이 비치는 아름다운 해변에서 우연히 차모로족 전사를 만나 사랑에 빠졌고, 그 둘의 사랑은 영원할 듯했다. 하지만 이 사실을 알게 된 아버지는 소녀를 찾아 스페인 장교와의 결혼을 강요했고, 소녀는 다시 도망쳐 사랑하는 연인을 만나 높이 약 113m 벼랑 끝에 도착했다. 벼랑 끝에 몰린 연인이 할 수 있는 것은 뒤로 물러나가라는 경고뿐. 자신들이 처한 운명을 받아들인 두 사람은 검은 머리를 하나의 매듭으로 묶고 서로의 눈을 깊게 바라보며 마지막 키스를 한 후 절벽에서 뛰어내렸다. 그날 이후 차모로족은 절벽을 바라보며 사랑을 위해 목숨까지 버린 그들의 운명을 안타까워하는 동시에 존경심을 표했고 먼 훗날 사랑하는 이들이 찾는 명소가 되었다. 괌 최고의 경치를 감상할 수 있는 곳이자 슬픈 전설이 서려 있는 곳, 지금은 사랑의 종을 치면서 영원한 사랑을 약속하는 연인들의 필수 코스이자 괌을 대표하는 명소다. 연인이 뛰어내린 절벽에 조성된 전망대Lookout Point 외에도 영원한 사랑을 약속하는 사랑의 종The Love Bell, 서로의 사랑을 묶은 자물쇠 벽Heart Lock Wall 등이 준비돼 있다.

Tip. 사랑의 절벽 관광 팁

작은 공원으로 조성돼 있는 이곳은 무료지만 전망대가 있는 룩아웃 포인트Lookout Point는 입장권을 구매해 입장해야 한다. 입장료 $3가 아깝지 않을 정도로 뷰가 아름답다. 무엇보다 입장권 뒷면에는 식당 할인 쿠폰이 있으니 참고하자. 사랑하는 연인과 함께 이곳을 방문한다면 한쪽에 위치한 사랑의 종The Love Bell을 치며 서로의 사랑을 약속하는 것도 좋은 추억이 될 것이다.

오솔길을 지나면 나오는 아름다운 비치

파이파이 파우더 샌드 비치 FaiFai Powder Sand Beach

주소 FaiFai Beach, Tamuning **위치** 호텔 닛코 괌 앞 건 비치에서 도보 7분 **시간** 24시간 개방 *밀물 시 접근 불가
요금 무료 *시설 이용 시 유료

오래전 차모로 원주민이 거주했던 지역으로, 차모로어로 '부유하고 풍족하다'라는 뜻을 가진 아름다운 해변이다. 건 비치에서 해안 절벽을 따라 맹그로브 나무가 우거진 오솔길을 오르내리면 도착할 수 있는 곳으로 바닷속 산호초와 하얀 모래, 그 뒤로 야자수와 여러 식물이 자라고 있는 녹지가 우거져 있다. 투몬 베이Tumon Bay에서 유일한 프라이빗 비치로 방문하는 이가 많지 않아 한적하게 음악을 들으며 책을 읽거나 휴식을 취할 수 있지만 비치 일부가 유료로 사용되고 있어 머물 수 있는 공간은 제한적이다. 파도가 세지 않고 물이 깊지 않아 스노클링을 즐기기에 제격이다. 또 바로 옆의 건 비치 못지않은 노을을 만날 수 있으며 파우더 샌드 비치라 불릴 정도로 고운 모래와 뜨거운 햇살을 피할 수 있는 나무도 있다. 하지만 가는 길이 험하고 날카로운 돌과 산호가 많아 발에 상처가 날 수 있으니 아쿠아 슈즈를 꼭 챙겨 가자. 물이 들어오는 밀물에는 파이파이 비치로 가는 길이 막히니 호텔 직원 또는 웨더닷컴(www.weather.com)을 통해 미리 시간을 확인하고 방문하자.

Tip. 파이파이 파우더 샌드 비치 이용 안내

해변 일부는 프라이빗 비치이며 방갈로, 샤워실 등 부대시설이 준비돼 있다. 해당 시설은 유료로 이용해야 하며 바비큐 식사 & 음료, 정글 & 동굴 탐험 & 스노클링 & 카약 등 해양 레저 장비 대여, 동굴 어드벤처 등 다양한 프로그램이 있다. 예약은 전화(671-647-5151)로 할 수 있다.

일몰 감상하기 좋은 고요한 해변

건비치 Gun Beach

주소 Gun Beach, Gun Beach Rd, Tamuning 위치 호텔 닛코 괌에서 정문을 바라보고 오른쪽 건 비치 로드(Gun Beach Rd)로 도보 3분 시간 24시간 개방

호텔 닛코 괌 앞에 위치한 비치로, 괌을 방문하는 여행자들이 주를 이루는 건 비치. 제2차 세계 대전 당시 괌에 상륙했던 미군에게 총알 세례를 퍼부었던 일본군의 벙커가 있던 곳이며 아직도 전쟁 당시 사용했던 무기가 남아 있어 건 비치라는 이름이 붙게 됐다. 수심이 얕고 산호가 많아 스노클링을 즐기기 좋고, 투몬 베이Tumon Bay에서 노을을 카메라에 담기에 괜찮은 곳이다. 주변에 편의점이나 상점이 없으니 2~3시간 해수욕을 즐길 계획이라면 물, 음료나 간단한 먹거리는 미리 챙겨 가는 것이 좋다.

칵테일을 마시며 즐기는 투몬 베이 노을

더 비치 레스토랑 앤 바 The Beach Restaurant & Bar

주소 Beach Bar & grill, Gun Beach Rd, Tamuning 위치 호텔 닛코 괌에서 정문을 바라보고 오른쪽 건 비치 로드(Gun Beach Rd)로 도보 3분 시간 16:00~20:00(목), 12:00~24:00(금~토), 12:00~다음 날 10:00(일) 가격 $7~(주류) 홈페이지 www.guambeachbar.com 전화 671-646-8000(카카오톡 상담 ID: bgtours)

닛코 호텔에서 이어지는 건 비치에 위치한 비치 바Bar로, 목조로 된 메인 건물 옆으로 비치 발리볼 코트까지 구비해 놓은 미국식 비치 바다. 아름다운 괌의 석양을 볼 수 있는 몇 안 되는 명소로 그림 같은 풍경 외에도 라이브 공연, 50여 종의 주류와 햄버거, 샌드위치 등 간단한 안주와 요깃거리가 준비되어 있다. 이곳의 가장 큰 매력 포인트는 노을. 해 질 무렵 테이블에 앉아 칵테일 또는 시원한 맥주를 마시며 바라보는 괌의 노을은 지친 일상의 피로를 잊게 할 정도로 로맨틱하고 아름답다. 비치 바비큐 립 스페셜($17), 피에스타 플레이트($18), 라이브 디제잉(18:00~21:00) 등 요일에 따라 달라지는 이벤트가 있으며, 그 밖에도 평일에는 다양한 주류 할인을 해 주는 등 다채로운 행사가 진행된다. 수시로 변하는 이벤트 정보는 홈페이지를 참고하자.

바다를 배경으로 한 야외 공연장에서 즐기는 디너쇼

타오타오 타시 비치 디너쇼 Taotao Tasi Beach Dinner Show

주소 Beach Bar & grill, Gun Beach Rd, Tamuning 위치 ❶ 호텔 닛코 괌에서 정문을 바라보고 오른쪽 건 비치 로드(Gun Beach Rd)로 도보 3분 ❷ 투몬 주요 호텔에서 픽업 차량 이용 시간 17:45~20:30(디너 포함), 18:45~20:30(디너 불포함) *일몰 시간에 따라 조금씩 상이 휴무 매주 수요일 요금 공연+뷔페 디너 $120(성인), $45(6~11세), 5세 미만 아동 무료 홈페이지 www.BestGuamTours.kr 전화 671-646-8000(카카오톡 상담 ID: bgtours)

차모로어로 '바다 사람들'이란 뜻을 가진 주제로 꾸며진 공연을 보며 디너를 즐길 수 있는 공연장이다. 더 비치 레스토랑 앤 바The Beach Restaurant & Bar 바로 옆에 위치해 있으며, 사방이 뚫린 야외 공연장인데다 선셋으로 유명한 투몬 비치를 배경으로 하고 있어 아름다운 일몰과 함께 공연을 즐길 수 있다. 평범한 듯 보이지만 다양한 무대 설치와 화려한 조명으로 다른 곳에서는 느낄 수 없는 거대한 스케일을 자랑하는데 공연이 시작되기 전 통돼지 바비큐를 포함한 디너와 차모로족의 전통 춤과 불 쇼 등 다양한 볼거리가 준비되어 있다. 공연은 약 1시간이며 차모로 신화에서 모티프를 딴, 한 아이가 어른이 되어 가는 과정을 다룬 스토리로 영어를 잘 못해도 충분히 짐작할 수 있으니 걱정하지 말자. 공연 끝에는 관객들이 전부 나와 무희들과 춤을 출 수 있는 시간과 포토 타임도 마련돼 있다. 조금 떨어진 곳에 위치해 있는 만큼 주요 호텔까지 가는 셔틀버스를 운영하니 차를 가져오지 않은 여행자들이라도 걱정하지 않아도 된다.

호텔 닛코 괌 16층에 위치한 전망 좋은 중식 뷔페

토리 Toh-Lee

주소 16F, 245 Gun Beach Road, Tumon **위치** ❶ T 갤러리아에서 도보 13분 ❷ T 갤러리아, 트롤리, 레아레아 셔틀버스 탑승 후 호텔 닛코 괌 하차 후 3층(로비층) **시간** 11:30~14:00(런치), 18:00~22:00(디너) **휴무** 매주 화요일, 목요일 디너 **가격** $28~(런치), $55~(디너) *봉사료 10% 별도(홈페이지에서 각종 프로모션 진행 중이므로 최신 가격 확인) **홈페이지** www.nikkoguam.co.kr **전화** 671-649-881

탁 트인 통유리로 끝없이 펼쳐진 괌의 아름다운 바다를 감상하며 30여 종의 중국 음식을 즐길 수 있는 뷔페다. 한국에 비해 음식 가격대가 높은 괌에서 호텔 런치 뷔페를 단돈 $28에 즐길 수 있는 가성비 좋은 레스토랑이다. 닛코 호텔 16층에 위치해 플레저 아일랜드를 포함한 투몬 시내부터 사랑의 절벽까지 한눈에 들어오는 멋진 뷰가 인상적인 곳이다. 딤섬이나 마파두부 등 우리나라 여행자들에게도 익숙한 중식 메뉴 외에도 일본 라멘, 각종 디저트 등 다양한 음식이 준비되어 있어 아이 또는 부모님을 동반한 가족 단위 여행객에게 인기다. 가성비 좋은 런치 코스도 좋지만, 해 질 무렵 시작되는 디너 코스 땐 그림 같은 석양을 볼 수 있으니 참고하자. 전망 좋은 레스토랑인 만큼 좋은 자리를 원한다면 미리 예약하거나 조금 일찍 방문할 것.

6성급 호텔에서 즐기는 밀라노 그릴

라 스텔라 La Stella

주소 27F, 241 Gun Beach Road, Tumon **위치** 웨스틴 리조트 괌에서 도보 1분, 츠바키 타워 27층 **시간** 18:00~21:30(라스트 오더 21:00) **가격** $32~(파스타), $120~(코스) **홈페이지** www.hetsubakitower.co.kr/portfolio/millano-grill-la-stella **전화** 671-969-5200

괌에서 유일한 6성급 호텔인 더 츠바키 타워The Tsubaki Tower가 운영하고 있는 고급 이탈리안 레스토랑이다. 코로나19가 한창이었던 2020년 오픈해 아직 국내에는 알려지지 않았지만, 실내 공간이 우아하고 호텔 최고층에 있어 전망 또한 최고급이다. 파스타, 스테이크 등 단품도 있지만 코스를 추천한다. 셰프가 선택한 코스 요리(1인 $120)와 이탈리아어로 '선물'이란 뜻을 가진 레갈로Regalo 코스 요리(1인 $180)로 나뉘는데, 두 코스 모두 라 스텔라의 셰프가 뽑은 최고의 이탈리아 메뉴로 구성되어 있다. 최대 10인까지 수용 가능한 3개의 프라이빗 룸이 있고 테이블이 많지 않아 사전 예약은 필수다.

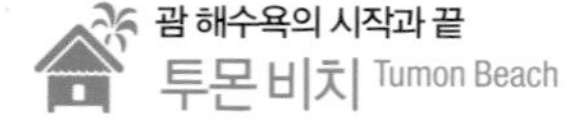

괌 해수욕의 시작과 끝

투몬 비치 Tumon Beach

주소 Tumon Beach, Tumon Beach Rd, Tamuning 위치 T 갤러리아 맞은편 두짓 비치 리조트 뒤 시간 24시간 개방

괌의 가장 대표적인 해변이자 스노클링하기 좋은 해변이다. 투몬의 유명한 호텔, 음식점, 쇼핑센터가 전부 이 투몬 비치를 기준으로 모여 있다고 해도 과언이 아닐 정도로 투몬 지역 어디서든 쉽게 접근 가능하다. 위치상으로는 건 비치Gun Beach 밑에 있고 이파오 비치Ypao Beach 위에 있지만 경계가 명확히 구분되어 있지는 않다. 수심이 얕고 산호밭이 자연 방파제 역할을 해 주어 파도가 높지 않아 아이들과 해수욕을 즐기기에 좋다. 호텔이 밀집해 있는 곳에 위치해 괌에 있는 해변 중 가장 붐비지만 넓은 면적을 자랑하기 때문에 걱정할 필요는 없다. 투몬 비치에 접해 있는 호텔에 숙박 중이라면 호텔에서 빌려 주는 스노클링 장비를 대여해서 해수욕을 즐기면 되고, 다른 곳에 머문다면 투몬 비치 곳곳에 있는 사설 렌털업체나 해양 스포츠업체에서 대여할 수 있다. 투몬 비치의 또 다른 매력은 바로 노을이다. 모래사장에서 50m 정도까지 바다로 걸어가 물 위에서 맞이하는 일몰은 투몬 비치에서만 즐길 수 있는 매력 포인트이니 꼭 한 번 체험해 보자.

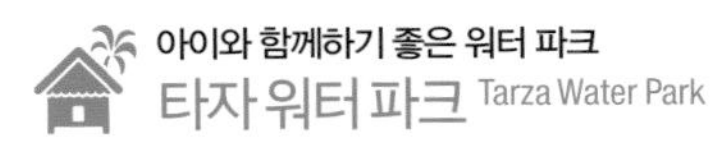

아이와 함께하기 좋은 워터 파크

타자 워터 파크 Tarza Water Park

주소 Guam Plaza Hotel, 1328 Pale San Vitores Rd, Tamuning **위치** T 갤러리아 옆 언덕길로 도보 2분 **시간** 10:00~16:00 **휴무** 매주 수요일 **요금** $40(12세~성인), $30(5~11세), 4세 이하 무료 **홈페이지** www.guamplaza.com/ko **전화** 671-646-7803

튜브를 타고 내려오는 유수 풀에서부터 보기만 해도 아찔한 슬라이드까지, 비치에서는 느낄 수 없는 각종 어트랙션이 가득한 워터 파크다. 주요 슬라이드와 어트랙션을 살펴보면, 인공 파도에서 즐기는 스릴 만점 서핑인 플로우라이더와 아이들이 즐기기 좋은 컬러풀 슬라이드, 대형 튜브를 타고 내려오는 길이 85m의 슬라이드와 20m 높이에서 45도 각도로 떨어지는 스피드 슬라이드까지 총 11개의 슬라이드와 14종의 어트랙션이 준비돼 있다. 투몬 지역에 위치한 대부분 호텔 수영장이 워낙 좋은 시설로 갖추어져 있고, 수질과 시설 관리에 약간 아쉬움이 있어 강력 추천하진 않지만, 복잡한 호텔 수영장을 피해 넓은 공간에서 아이와 함께 물놀이를 하며 시간을 보내고 싶은 여행자라면 이곳을 추천한다. 온라인을 통해 미리 표를 구하면 최대 40~60% 할인된 가격에 이용할 수 있고, 사물함($2, 키 분실 시 $10), 타월($2, 보증금 $3)은 유료다.

Notice 2022년 5월 현재 코로나19로 임시 휴업 중이다. 방문 전에 운영 여부 확인하자.

접근성 · 맛 · 양 모두를 충족하는 인기 식당

카프리초사 Capricciosa

주소 Pacific Place Guam 2F, 1411 Pale San Vitores Rd, Tumon **위치** 웨스틴 리조트 괌에서 도보 1분 **시간** 11:00~21:00 **가격** $19.75~(파스타), $15.25~(피자) **홈페이지** www.capricciosaguam.com **전화** 671-647-3746

현지인뿐만 아니라 여행자들에게도 유명한 이탈리아 레스토랑. 마르게리타 피자, 카르보나라, 미트볼 스파게티 등 우리의 입맛에도 익숙한 메뉴로 한국인 여행자가 많이 찾는다. 국내 이탈리아 체인 식당과 비교하자면 맛은 비슷하고 양은 이곳이 1.5배는 많다. 인기 메뉴는 토마토 소스 베이스인 시푸드 스파게티(S-9)와 훈제 연어 샐러드(I-2). 이색 메뉴를 원한다면 오징어 먹물 파스타(S-7), 튜브 모양의 쇼트 파스타인 펜네와 매운 토마토 소스에 새우와 조개를 넣어 만든 단품 메뉴(C-4)를 추천한다. 상시 프로모션이 진행되니 방문 시 행사 메뉴를 참고하자. 로얄 오키드 호텔, 아가냐 쇼핑센터에도 지점이 있고, 전 지점에서 포장이 가능하다.

한국의 맛이 그리운 여행자를 위한 한식당

고기요 Gogiyo

주소 1355 Pale San Vitores Rd, Tumon **위치** JP 슈퍼스토어 맞은편 도보 1분 **시간** 17::00~22:00 **가격** $10~(고기류), $10(김치찌개, 된장찌개), $3~(반찬류) **홈페이지** ko-kr.facebook.com/gogiyoguam **전화** 671-647-9192

괌 시내 메인인 투몬 거리 중심에 있는 한인 식당이다. 냉장고에 있는 고기를 골라 결제하고 구워 먹는 정육식당 시스템인데, 기본 반찬류도 셀프로 골라 결제하여 상을 꾸려야 한다는 점이 한국과는 조금 다르다. 밑반찬류는 상추와 5가지 반찬이 포함된 세트 메뉴($10)가 인기. 고기는 1접시(100~200g)에 $10, 김치찌개와 된장찌개는 각각 $10이다. 한국 고깃집과 비교하면 가격대가 비싼 편이지만 타국에서 먹는 한국 음식은 맛 이상의 만족감을 준다.

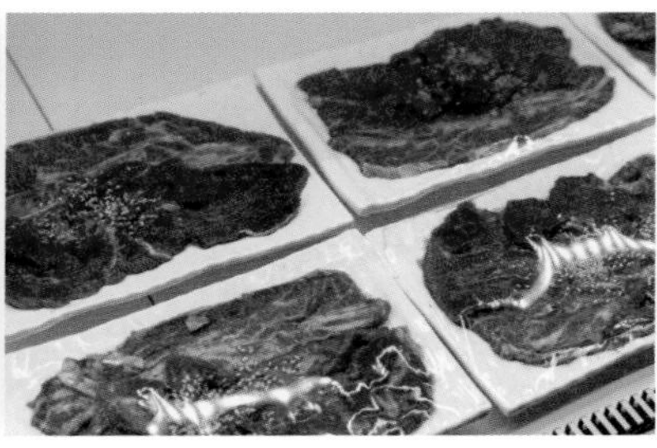

늦은 저녁 피자 & 맥주가 생각난다면

프리모 피자카야 Primo Pizzakaya

주소 1370 Pale San Vitores Rd, Tumon **위치** 웨스틴 리조트 괌에서 도보 2분 **시간** 15:00~22:00(라스트 오더 21:30) **가격** $16~(피자), $4~(맥주) **홈페이지** www.primoguam.com **전화** 671-989-7439

이름에도 알 수 있듯 일본식 선술집인 이자카야 스타일에 피자를 메인으로 하는 가게다. 크지 않은 내부 공간에 약 30종의 안주류와 일본 술, 맥주 등을 판매하고 있다. 추천 메뉴는 토마토 소스 베이스WHITE PIES의 4X4 피자로 클래식한 피자지만 고기 토핑이 가득해 식사를 겸비한 안주로 괜찮다. 시즌마다 제철 재료를 사용해 선보이는 시그니처 메뉴도 강력 추천. 젊은 셰프이자 CEO가 운영하는 식당으로, 지역 내 커뮤니티 모임도 종종 열린다.

하와이 브런치 식당으로 유명해진 인기 식당

에그 앤 띵스 Eggs 'n Things

주소 1317 Pale San Vitores Rd, Tamuning **위치** 웨스틴 리조트 괌에서 도보 2분 **시간** 07:00~14:00(조식 및 런치), 16:00~23:00(디너) **가격** $15~(1인), $12~(로코모코), $10,50~(오믈렛) **홈페이지** www.eggsnthingsguam.com **전화** 671-648-3447

오믈렛과 팬케이크로 유명한 브런치 식당이다. 1974년 하와이에서 시작한 레스토랑으로, 괌과 일본에서 론칭하자마자 손님이 줄 서서 먹을 정도로 열풍을 이끌어 내고 있다. 매일 새벽 신선한 재료를 구해 저렴한 가격으로 맛 좋은 음식을 제공한다는 창업주의 의지로 하와이 No.1 브런치로 사랑받으며 2014년 괌에 오픈했다. 이곳의 인기 메뉴는 스트로베리 윕 크림 앤 맥 너츠Strawberry Whipped Cream & Mac Nuts($13.75) 팬케이크다. 부드러우면서도 식감이 있는 팬케이크 5장이 깔리고 그 위로 딸기와 너무 달지 않은 휘핑크림이 가득 올려져 나오는데 양이 얼마나 많은지 두세 명이 먹어도 부족하지 않다. 약 12종의 팬케이크 외에도 흰 쌀밥 위에 부가적인 재료와 계란프라이를 얹고 그레이비 소스를 두른 인기 메뉴 로코모코Loco moco와 시그니처 메뉴인 오믈렛 등 다양한 메뉴가 준비돼 있다. 워낙 인기가 좋아 개점 전부터 웨이팅은 기본. 가게 입장 전 메뉴를 선택하고 가격을 지불 후 테이블로 안내를 받는 시스템으로 운영이 되고 있다.

일몰을 바라보며 즐기는 야외 바비큐

세일즈 바비큐 Sails BBQ

주소 1328 Pale San Vitores Rd, Tumon **위치** 괌 리프 앤 올리브 스파 리조트와 더 플라자 사이 내리막길로 도보 1분(투몬 비치에서 가는 게 더 편하다.) **시간** 18:00~19:30(바비큐 1부), 19:45~21:15(바비큐 2부) **가격** $52(시푸드 바비큐 1인), $46(선셋 고기 바비큐 1인), $25(키즈 바비큐), $22(랍스터 꼬리 추가) **홈페이지** www.sailsbbqguam.com **전화** 671-649-7760

나나스 카페 야외 테이블에서 운영되는 야외 바비큐다. 먹방 TV 프로그램인 〈맛있는 녀석들〉에 소개되면서 유명세를 타고 있는 곳으로, 투몬 비치와 연결되는 바로 옆 야외 테이블에서 아름다운 바다와 일몰을 즐기며 각종 해산물과 바비큐, 무제한 음료(맥주 포함), 샐러드 바를 즐길 수 있다. 맛보다는 석양을 바라보며 바비큐를 즐길 수 있다는 것이 매력 포인트인데, 바다 바로 옆 자리에 앉는 것은 하늘의 별 따기인지라 조금 일찍 도착하거나 사전 예약 후 방문하기를 추천한다. 한 가지 아쉬운 점은 근처 호텔에서 운영하는 전통 공연이 포함된 야외 바비큐 가격과 큰 차이가 없다는 것이다. 온라인 또는 현지 여행사를 통해 예약하면 할인된 가격으로 이용할 수 있으니 방문을 계획한다면 미리 구매하도록 하자. 예약제로 운영되는 만큼 예약은 필수다. 사전 요청 시 호텔 픽업도 가능하며, 식사 후 호텔 드롭 서비스가 무료이니 맥주를 많이 마셔 걷기가 힘들다면 이용하자.

바다 전망을 즐길 수 있는 해변 옆 레스토랑

나나스 카페 Nana's Cafe

주소 152 San Vitores Rd, Tamuning **위치** 괌 리프 앤 올리브 스파 리조트와 더 플라자 사이 내리막길로 도보 1분 **시간** 17:30~21:00 **가격** $25.99~(1인) **홈페이지** nanascafeguam.com **전화** 671-649-7760

괌 플라자 호텔 그룹에서 운영하는 비치 레스토랑이다. 리프 호텔 옆 내리막길로 내려가면 나오는 식당으로 투몬 비치와 바로 연결되는 곳에 있다. 가게 내부는 실내와 실외로 나뉘는데 비치와 연결되는 실외 공간은 세일즈 바비큐 전용 공간이라서 나나스 카페 이용자는 내부 공간을 이용해야 한다. 메뉴는 칠리새우, 연어, 조개구이, 랍스터 등 해산물을 베이스로 한 각종 요리가 있다. 외국인이 많이 방문하는 레스토랑인 만큼 태국식 그린 커리와 일본식 도시락, 이탈리안 파스타도 준비되어 있다. 런치 메뉴는 코로나 이후 운영이 중지되었지만, 할인률이 높아 가성비가 뛰어나다. 아주 특별하다고 할 정도는 아니지만, 깔끔한 맛과 편안한 인테리어에 분위기도 좋은 레스토랑이라 가족 단위 여행객에게 인기다.

일본 여행객이 즐겨 찾는 멀티 면세점 & 종합 몰

JP 슈퍼스토어 JP Superstore

주소 1328 Pale San Vitores Rd, Tamuning **위치** 괌 리프 앤 올리브 스파 리조트 맞은편 도보 1분 **시간** 12:00~19:00 **홈페이지** www.jpshoppingguam.com **전화** 671-646-7887

1983년 투몬 거리 중심에 문을 연 종합 몰이다. 대형 잡화점인 JP 슈퍼스토어를 중심으로 각종 브랜드 매장과 잡화점이 모여 있다. 한국 여행객보다는 일본 여행객이 주를 이루는 곳으로 디젤, 겐조, 폴 스미스, 펜디 등 인기 브랜드와 국내 연예인이 즐겨 입어 유명해진 록시ROXY, 슈즈 전문 브랜드 탐스TOMS 등 다양한 매장이 입점해 있고, 2층에는 제법 큰 규모의 육아 용품 매장이 있어 엄마들에게 인기다. 아이들이 좋아하는 장난감이나 성인 남성들이 관심 가질 만한 전자 제품과 액세서리, 괌을 대표하는 기념품인 고디바 초콜릿, 코코넛 오일, 쿠키 등이 가득해 쇼핑족이 아니더라도 한 번쯤 방문해 볼 만하다. $100 이상 구매 시 고객 센터에 요청하면 호텔로 무료 배달 서비스를 제공하니 참고하자.

괌 최대 규모의 복합 문화 단지
플레저 아일랜드 Pleasure Island

주소 Pleasure Island, Pale San Vitores Rd, Tamuning **위치** 호텔에서 T 갤러리아 무료 셔틀버스 이용 **시간** 업체마다 다름 **홈페이지** www.pleasureisland-guam.com

레저와 쇼핑, 공연과 먹거리 등 다채로운 즐거움을 한 곳에서 즐길 수 있도록 조성된 괌 최대 규모의 복합 문화 단지다. 면세 쇼핑의 최강자 T 갤러리아를 중심으로 언더워터 월드, 시 그릴, 하드 록 카페 등 괌 여행 시 한 번쯤 들르게 되는 8개의 브랜드가 모여 있다. 유명 호텔이 밀집해 있는 투몬만 바로 옆 호텔 거리에 따라 조성돼 있어 접근성이 매우 편리하며, 짧은 거리에 쇼핑은 물론 클럽, 마사지, 레스토랑 등이 위치해 최소한의 동선으로 괌 유명 상점을 이용할 수 있다. 참고로 플레저 아일랜드는 8개 브랜드가 공동 마케팅을 할 뿐 각 업체는 각기 다른 그룹에서 운영하고 있다.

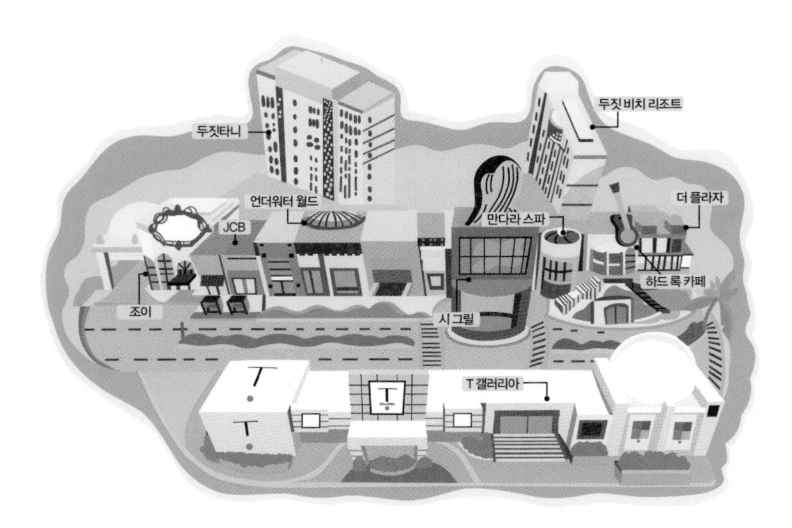

면세 쇼핑의 최강자
T 갤러리아 T Galleria

주소 1296 Pale San Vitores Rd, Tamuning **위치** 호텔에서 T 갤러리아 무료 셔틀버스 이용(2022년 5월 현재 미운행) **시간** 13:00~19:00 **가격** 업체마다 다름 **홈페이지** www.dfs.com/kr/guam **전화** 671-646-9640

1960년 11월 홍콩에서 시작된 글로벌 면세점 그룹이 운영하는 시내 면세점. 전 세계 명품을 비롯하여 유명 브랜드와 파트너십을 보유하고 있어 고급 매장들이 가득하다. 쾌적한 공간과 고급스러운 인테리어, 거기에 외국인 여행객을 위한 통역 상주 서비스와 무료 택시 서비스까지 운영해 괌을 방문하는 쇼퍼라면 꼭 방문하게 되는 곳이기도 하다. 참고로 구매 후 영수증 하단에 DFS 로고가 있으면 서울 명동 근처 DFS 갤러리아 한국 고객서비스센터(02-732-0799)를 통해 영수증 지참 시 반품이 가능하고, 명품 등 입점 브랜드는 국내 해당 브랜드 매장에 영수증을 지참해 방문해 상담을 해야 한다. 이 외에도 주요 호텔을 연결하는 무료 셔틀버스, 호텔 내 무료 와이파이, 한국어 통역 상주, 16시 이전 쇼핑 후 고객 센터에 신청 시 호텔 무료 배달 등 여행자를 위한 서비스가 준비되어 있으며, 2022년 4월 1일 추가 할인율을 제공하는 온라인 숍(www.dfs.com/kr/guam/eshop)도 오픈했으니 참고하자.

Notice 2022년 5월 현재 코로나19로 T 갤러리아 무료 셔틀버스가 미운행 중이다. 현지에서 운행 여부를 반드시 확인하자.

명품 숍부터 맛집까지 가득한 종합 몰

더 플라자 The Plaza Shopping Center

주소 1255-1275 Pale San Vitores Rd, Tamuning **위치** T 갤러리아 맞은편, 도보 1분 **시간** 11:00~19:00 *레스토랑, 바는 연장 영업 **가격** 업체마다 다름 **전화** 671-649-1275

플레저 아일랜드에서 가장 큰 규모를 자랑하는 종합 몰이다. 명품 숍은 물론 20개가 넘는 카페와 바, 음식점과 잡화점이 가득한 곳으로 건물 내부로 두짓 비치 리조트와 두짓타니 호텔을 연결하는 통로가 있어 주변 몰 중 가장 붐빈다. 이곳만의 특징을 뽑자면 20~30대가 즐겨 찾는 중저가 브랜드 및 세미 캐주얼 브랜드가 많고 비치 의류가 주를 이루는 숍과 가발, 신발, 아동용 옷과 보석까지 다양한 매장이 있다는 것이다. 더 플라자에서 가장 인기 있는 음식점으로는 괌 맛집으로 소문난 비친 슈림프와 시 그릴, 하드 록 카페. 인기 매장으로는 갭Gap, 레스포삭LeSportsac, 마크 제이콥스Marc Jacobs, 구찌Gucci, 코치Coach를 뽑을 수 있다. 만일 투몬 지역에서 머물면서 급하게 멋진 비치 룩이 필요한 남성이라면 DNA 매장을 들러 보길 추천한다. 에어컨이 빵빵하고 매장 사이 거리가 넓어 매우 쾌적하니 무더운 낮 시간 뜨거운 햇살을 피해 먹방과 쇼핑을 즐기고 싶은 여행자라면 더 플라자를 방문해 보자.

타시 그릴 Tasi Grill

해변 그릴에서 자연풍을 맞으며 칵테일을 비롯해 타코스, 햄버거, 코코넛 슈림프 등 간단한 식사와 안주류를 판매하는 비치 바 타입의 레스토랑이다. 신혼부부들에게 인기가 높은 곳으로 일몰 포인트로도 유명하다. 야외 공간인 만큼 간단히 즐길 수 있는 주류와 식사류가 메인이다. 특히 마가리타, 모히토 등 클래식 칵테일과 7종 시그니처 칵테일까지 제법 많은 칵테일이 준비되어 있다. 해수욕 후 간단히 요기를 해결하고 싶은 여행자라면 코코넛 슈림프, 타시 버거를 추천한다. 해 질 무렵 사랑하는 연인과 특별한 시간을 보내고 싶은 여행자라면 고민 말고 방문해보자. 온라인(www.dusit.com/loyalty/ko)으로 누구나 가입이 가능한 두짓그룹의 무료 멤버십인 두짓 골드 회원이면 20~30%(등급에 따라 다름) 식사 할인을 받을 수 있다.

주소 1227 Pale San Vitores Rd, Tumon 위치 두짓타니 호텔 3층 시간 11:00~21:00 가격 $12~(칵테일), $16~(메인 요리), $12~(애피타이저) 홈페이지 www.dusit.com/dusitthani-guamresort/ko/dining/tasi-grill 전화 671-648-8000

알프레도 스테이크하우스 Alfredo's Steakhouse

편안하면서도 고급스러운 호텔 브랜드로 잘 알려진 두짓 호텔이 운영하는 레스토랑으로 아름다운 괌 석양을 바라보며 근사한 디너를 즐길 수 있는 레스토랑으로 유명하다. 가게 이름에서도 알 수 있듯 메인 요리는 스테이크이며, 세계적으로 유명한 스테이크 셰프인 울프강 퍽Wolfgang Puck의 제자가 총괄 요리장을 맡고 있다. 고기 부위는 립아이, 안심, 채끝, 갈비이고 가장 인기 메뉴는 최고 부위로 불리는 안심 스테이크다. 아이를 동반하는 가족 단위 여행객이라면 양이 제법 되는 립아이, 와규 볶음밥을 추천한다. 스테이크 외에도 랍스터, 킹크랩 등 해산물 메뉴도 있으니 참고하자. 웰컴 애피타이저 1종과 식전 빵이 무료로 제공된다.

주소 1227 Pale San Vitores Rd, Tumon 위치 두짓타니 호텔 G층에서 외부로 나가 투몬 비치 방향 비치사이드 시간 17:00~19:00 가격 $50~(스테이크), $16~(애피타이저) 홈페이지 www.dusit.com/dusitthani-guamresort/ko/dining/alfredos-steakhouse 전화 671-648-8000

팜 카페 Palm Cafe

전 세계 음식을 선보이는 인터내셔널 뷔페. 두짓 비치 리조트1층에 위치한 제법 넓은 규모의 식당으로 즉석에서 조리되는 요리를 비롯해 다양한 음식이 준비되어 있다. 식사 시간마다 다른 콘셉트로 운영되는 곳으로 조식 때는 그릴 코너(와플, 소시지, 팬케이크 등), 에그 코너(오믈렛, 스크램블), 핫 코너(볶음밥, 미소된장국), 콜드 코너(샐러드, 스시 등)로 나뉘어 있고, 중식에는 일식 뷔페 스타일로 스시, 라멘, 우동 등 수준 높은 일식 음식을 뷔페로 즐길 수 있다. 특히 가장 푸짐한 메뉴를 자랑하는 디너 코스는 대게를 비롯한 각종 해산물들과 직접 재료들을 지정해서 만들 수 있는 파스타, 바비큐 등 여행자들의 혀를 즐겁게 해주는 푸짐한 음식들로 가득하다. 런치 및 디너는 코로나19로 운영 중지되었으니 방문 전에 운영 재개 여부를 확인하자.

주소 1255 Pale San Vitores Rd, Tumon Bay 위치 더 플라자 북쪽과 연결, 도보 1분 시간 07:00~10:00(조식, 런치 및 디너는 코로나19로 임시 중지됨) 가격 성인 기준 $26(조식), $25(런치), $36(디너/ 금, 토요일 $38) 홈페이지 www.outrigger.com/hotels-resorts/guam/tumon-bay/outrigger-guam-beach-resort#dining 전화 671-649-9000

하드 록 카페 Hard Rock CAFE

긴 설명이 필요 없을 정도로 너무 유명한 세계적인 레스토랑. 전 세계 오픈하는 지점마다 그 지역을 대표하는 나이트 라이프로 자리 잡을 정도로 편안한 분위기에서 로큰롤을 들으며 식사와 주류를 즐길 수 있다. 다른 지점과는 달리 가족 단위 여행객이 주를 이루는 괌에서는 다소 차분한 분위기가 흐르는데 매일 밤 조명이 어두워지는 시간이면 하드 록 카페만이 가지고 있는 매력을 발산한다. 위로 자동차가 매달려 있는 바에는 100여 종이 넘는 술이 준비되어 있으며 라이브 공연도 열린다. 붉은색을 강조한 조명과 인테리어, 가게 구석구석 1950년 중반부터 미국을 강타한 로큰롤의 상징물과 기록이 자리 잡고 있어 또 하나의 볼거리를 제공한다. 가벼운 식사는 물론 신나는 음악을 들으며 맥주나 칵테일을 즐기기 좋은 곳으로 아이와 함께 방문해도 괜찮을 정도로 분위기가 괜찮다.

Notice 2022년 5월 현재 코로나19로 임시 휴업 중이다. 방문 전에 운영 여부 확인하자.

주소 1273 Pale San Vitores Rd, Tamuning **위치** 더 플라자 2층 **시간** 11:00~23:00(레스토랑은 금, 토 24:00까지), 10:00~23:00(바는 금, 토 24:00까지) **가격** $15~(1인) **홈페이지** www.hardrock.com/cafes/guam **전화** 671-648-7625

시그릴 SEA GRILL

더 플라자 언더워터 월드 건물 3~4층에 위치한 다이닝 레스토랑. 투몬에서 꽤 유명한 레스토랑으로 괌 방문 시 한 번쯤은 맛봐야 할 바비큐, 스테이크를 비롯하여 해산물 요리와 차모로 전통 스타일의 퓨전 요리를 만날 수 있다. 디너도 괜찮지만 가성비를 따진다면 다소 한산한 런치 타임(11:00~17:00) 방문을 추천한다. 차모르 전통 레드 라이스를 포함한 로컬 바비큐 요리가 $12.95~로 가격대가 아주 착하다. 런치 외에도 수시로 바뀌는 특별 메뉴가 가격과 구성이 괜찮으니, 소식이 업데이트되는 페이스북(www.facebook.com/underwaterworldguam)을 미리 살펴보자. 내부는 총 4개의 존zone으로 나뉘는데, 플레저 아일랜드Pleasure Island의 랜드마크가 된 거대한 고래 조형물의 꼬리가 있고, 삼면이 창으로 되어 있는 테일 오브 웨일Tail of Whale과 4층 스카이 라운지Sky Lounge에서는 괌의 최대 번화가인 플레저 아일랜드Pleasure Island를 조망하며 식사를 즐길 수 있다.

주소 3~4F, 1245 Pale San Vitores Rd, Tamuning **위치** 더 플라자 3~4층 **시간** 16:00~21:00(목~토, 현지 사정에 따라 변동될 수 있음) **가격** $5.95~(애피타이저), $8.50(키즈 메뉴), $19.95~(메인 요리) **홈페이지** www.uwwguam.com/dining **전화** 671-649-6637

언더워터 월드 Underwater World

해저 터널로 이루어진 대형 수족관 & 레스토랑. 1999년에 괌 중심지인 플레저 아일랜드 더 플라자 1층에 오픈한 곳으로 길이 97m의 해저 터널을 따라 걸으며 바닷속 풍경을 감상할 수 있다. 수족관 내부에는 괌 주변 마리아나 제도에 서식하는 어종을 중심으로 300만 리터 규모의 바닷물 안에 2,000여 종의 수중 생물이 서식하고 있으며 길이가 1m가 넘는 흑기흉상어blacktip reef shark와 줄무늬가 얼룩말을 닮은 제브라상어zebra shark, 크기가 어마어마한 얼룩매가오리spotted eagle ray 등 대형 어종도 여럿 있다. 국내 아쿠아리움에 비하면 규모는 작지만 관람 공간이 전면 유리로 된 해저 터널로 구성되어 있다는 것이 특징이며, 다양한 어종이 있어 아이를 동반한 가족 단위 여행객에게 인기다. 이곳의 또 하나의 매력은 수족관 내부에서 진행되는 다양한 어트랙션. 해저 터널에서 즐기는 식사인 디너(식사+3일 입장권 포함 성인 $99)와 칵테일을 비롯한 다양한 주류와 음료를 즐길 수 있는 라운지 타임(입장료+음료 포함 성인 $30), 수족관 안을 체험할 수 있는 상어와 다이빙(체험+입장권 포함 성인 $199)까지 다양한 어트랙션이 준비되어 있다. 조금 특별한 관람을 원한다면 라운지 타임을, 남들과 다른 추억을 남기고 싶다면 시 트렉을 추천한다.

주소 1~2F, 1245 Pale San Vitores Rd, Tamuning **위치** 더 플라자 1층 **시간** 10:00~18:30(수족관), 18:00~19:30(레스토랑), 19:30~23:30(라운지) **요금** $23(성인), $12(4~19세), 3세 미만 무료/ 유료 어드벤처 **홈페이지** uwwguam.com **전화** 671-649-9191

아이홉 IHOP

한국 여행자들에게는 낯설지만 미국 본토에서는 많은 인기를 끌고 있는, 아침 식사에 특화된 식당 체인점이다. 적당한 가격와 푸짐한 양으로 여행자들 사이에서 만족도가 높은 곳으로 깔끔한 외관과 내부 인테리어가 돋보이며, 칸막이로 되어 있어 오붓하게 가족끼리 식사를 즐길 수 있다. 브런치 메뉴로는 오므라이스와 팬케이크가 가장 인기. 우리나라 팬케이크보다 조금 달지만 식감이 쫄깃하고 폭신폭신하며, 네 가지 팬케이크 소스를 취향에 따라 뿌려 먹을 수 있어 인기가 많다. 양이 많은 편이라 3명이 왔을 때는 2개의 메뉴를 시켜도 부족함 없이 먹을 수 있다. 월~목요일 16:00~20:00에 어른과 함께 방문하는 아이들에게 1인당 1개 메뉴를 무료로 제공하고, 더 플라자 지점보다 괌 프리미어 아웃렛에 있는 지점이 더 넓고 여유로운 편이니 참고하자.

Notice 2022년 5월 현재 코로나19로 임시 휴업 중이다. 방문 전에 운영 여부 확인하자.

주소 1245 Pale San Vitores Rd, Tamuning 위치 더 플라자 1층 남쪽 정문(South Gate) 기준 왼쪽 시간 07:00~21:00(금, 토요일 23:00까지) 가격 $11.99~(팬케이크 콤보), $13.99~(오믈렛) 홈페이지 www.ihop.com 전화 671-969-4467

ABC 스토어 ABC Store

미국 하와이주 호놀룰루에 본사를 둔 편의점 체인으로 식료품과 생활용품, 기념품, 비치용품 등을 판매한다. 하와이에서 시작된 체인점인 만큼 마카다미아, 맥주 등 하와이 제품도 많고 괌 방문 기념품이나 비치용품이 인기다. 괌 시내에서는 제법 규모가 있는 편이라서 간단한 기념품이나 호텔에서 먹을 간단한 요깃거리를 구매하기 좋다. 괌 인기 스폿인 K 마트보다 가격은 약간 비싸지만 접근성을 고려하면 합리적인 가격대다. 열대 과일 샐러드, 샌드위치, 주먹밥 등 즉석 식품도 여럿 있으니 참고하자.

주소 1255 Pale San Vitores Rd, Tumon 위치 더 플라자 1층(하드 록 카페 건물 1층) 시간 07:30~22:00 홈페이지 www.abcstores.com 전화 671-646-0911

비탈리스 이탈리안 레스토랑 Vitale's Italian Restaurant

정통 이탈리안 요리를 판매하는 레스토랑. 35종류가 되는 파스타와 10여 종 피자 외에도 이탈리안이 즐겨 먹는 다양한 메뉴가 준비되어 있다. 가게 내부는 제법 넓은 규모로 벽에는 이탈리아를 상징하는 그림과 사진, 장식품으로 꾸며져 있고 약간은 촌스럽고 투박해 보이는 녹색 테이블과 의자가 준비되어 있다. 대표 메뉴는 피자와 파스타. 인기 메뉴는 바질을 넣은 마르게리타Margherita 피자와 파인애플이 들어간 하와이안Hawaiian 피자다. 양은 많지만 요리에 들어가는 부재료는 약간 부실한 느낌이다. 하지만 흔히 볼 수 있는 퓨전이 아닌 정통 이탈리안 맛이니 편안한 분위기에서 정통 이탈리안 음식을 맛보고 싶다면 한 번쯤 방문해 보자. 무엇을 먹을지 고민된다면 메뉴판 한쪽에 주방장 추천 요리Chef's Recommendation 페이지도 준비되어 있으니 참고하자.

주소 2F, 1255 Pale San Vitores Rd, Tamuning 위치 더 플라자 남쪽 비친 슈림프 2층 시간 11:00~22:00(평일), 11:30~22:00(주말) 가격 $11.50~(피자), $12.95~(파스타), $19.95~(시푸드) 홈페이지 www.vitalesguam.net 전화 671-646-7692

캘리포니아 피자 키친 california PIZZA KITCHEN

더 플라자 2층에 위치한 미국 프랜차이즈 레스토랑이다. 국내에도 매장이 여러 곳 있을 정도로 유명한 프랜차이즈로 매장이 위치한 국가마다 메뉴를 현지화하는 전략을 취한다. 이곳 역시 차모로식 햄을 비롯해 현지에서 나는 신선한 식재료를 활용한 다양한 메뉴를 선보인다. 인기 메뉴는 차모로 전통 음식을 약간 퓨전화한 각종 애피타이저와 기본 피자인 오리지널 바비큐 치킨 피자다. 특별하다고 할 정도는 아니지만 파스타와 버터 케이크 등 디저트도 무난하며, 괌 물가와 비교하면 가성비가 좋고, 직원 서비스가 친절하고 테이크아웃도 가능해 늦은 저녁, 야식이 생각나는 여행자라면 한 번쯤 가 보길 추천한다.

주소 1255 Pale San Vitores Rd, Tumon 위치 더 플라자 2층 시간 11:00~21:00 가격 $13.50~(피자), $8.99~(애피타이저) 홈페이지 www.cpkguam.com 전화 671-647-4888

비친 슈림프 Beachin' Shrimp

크고 두툼한 새우를 이용한 각종 요리를 판매하는 식당. 한국인 여행객이 좋아하는 괌 인기 식당으로 손꼽히는 곳으로 속이 알찬 큰 새우를 베이스로 캘리포니아식 요리와 차모로식, 스페인식, 아르헨티나식 등 새우와 잘 어울리는 각국의 요리가 준비되어 있다. 가장 인기 있는 메뉴는 특제 스파이시 소스가 인상적인 비친 슈림프Beachin' Shrimp, 코코넛 튀김옷을 입히고 바삭하게 튀겨 칠리 소스에 찍어 먹는 코코넛 슈림프Coconut Shrimp, 스페인 새우 요리인 감바스Gambas Al Ajillo. 서브 메뉴로 조개, 감자, 샐러리, 당근 등을 크림소스 수프에 끓여 빵에 담겨 나오는 클램 차우더Clam Chowder가 인기다. 각종 재료를 넣고 10시간을 끓여 독특한 매운맛을 자랑하는 시그니처 메뉴이자 인기 메뉴인 비친 슈림프Beachin' Shrimp는 태국 음식인 똠얌꿍처럼 약간 시큼함이 있고 우리의 입맛엔 익숙하지 않아 호불호가 갈리니 주의하자. 공깃밥을 곁들이면 한 끼 식사로도 부족함이 없고 저녁 시간에 맥주 한잔하기에도 괜찮다. 투몬 지점 외에도 PIC 호텔 맞은편에 2호점이 있다.

주소 1F, 1255 Pale San Vitores Rd, Tamuning **위치** 더 플라자 남쪽 건물 1층 **시간** 10:00~22:00(일~목), 10:00~23:00(금, 토) **가격** $12~(1인) **홈페이지** www.facebook.com/BeachinShrimp **전화** 671-642-3224

클럽 · 라운지 · 레스토랑까지, 여행자를 위한 복합 공간
조이 ZOH

주소 1199 Pale San Vitores Rd, Tamuning **위치** T 갤러리아 맞은편 도보 2분 **시간·요금** 미정 **홈페이지** www.BestGuamTours.kr **전화** 671-649-7263(카카오톡 상담 : bgtours)

1990년 오픈 이후 100만 명 이상의 여행자가 다녀갈 정도로 괌 내에서는 오랜 역사를 자랑하며 여행자를 위한 NO.1 클럽이라는 자부심을 갖고 있는 클럽 글로브의 새로운 이름이다. 코로나19로 문을 닫아야 했던 클럽을 새롭게 단장해 2022년 8~9월 오픈을 준비하고 있는 곳으로 바 형태로 운영 예정인 롱 바Long bar, 가장 높은 층에 자리 잡을 시크릿 라운지인 마우 뮤즈Mou Muse, 디제이 부스가 설치되는 클럽 존까지 각각 다른 느낌의 클럽, 바, 라운지가 모두 모여 있는 복합 타운 형태로 구성된다고 한다. EDM, 일렉트로닉, 힙합, 하우스 등 공간마다 다른 음악과 분위기를 선보인다고 하니 클럽을 좋아하지 않더라도 취향에 맞는 공간을 선택하면 된다. 클럽 입구에는 괌 유일의 지중해식 식당인 아네모스Anemos도 동시 오픈을 한다고 하니 기대해 보자. 홈페이지(www.BestGuamTours.kr)를 통하면 예약은 물론 할인 혜택도 받을 수 있으니 참고하자. 카카오톡(ID: bgtours)을 이용하면 한국어 상담도 가능하다.

Notice 2022년 5월 현재 리뉴얼 공사 중이며, 8~9월 오픈 예정이다. 방문 전에 운영 여부 확인하자.

공연을 보며 즐기는 뷔페식 바비큐

브리지스 선셋 바비큐 Breezes Sunset BBQ

주소 1155 Pale San Vitores Rd, Tamuning **위치** T 갤러리아 맞은편 도보 4분 **시간** 11:00~21:00 **가격** $64(성인), $32(6~12세), 5세 미만 무료 **홈페이지** www.hyatt.com/en-US/hotel/micronesia/hyatt-regency-guam/guamh/dining **전화** 671-647-1234

매일 저녁 하얏트 호텔 야외 테라스에서 진행되는 뷔페식 바비큐. 폴리네시아 전통 춤과 화려한 불꽃 쇼를 보며 식사를 할 수 있는 곳으로, 바로 구운 여러 종의 바비큐를 비롯해 과일과 케이크 등 다양한 디저트가 세팅된 미니 샐러드 바까지 준비돼 있다. 매일 저녁 멋진 석양이 시작될 무렵 시작해 해가 진 이후에는 공연이라는 볼거리까지 제공해 인기다. 특별하다 싶을 정도의 맛은 아니지만 5세 미만 아이는 무료라 아이를 동반한 가족 단위 여행객이 많이 찾는다. 또 하나의 매력을 뽑자면 무료 픽업과 드롭 서비스다. 그중 드롭 서비스는 호텔과 제휴된 택시를 이용해 공항까지도 이용 가능하다. 단, 음료 주문은 별도이니 참고하자.

육지와 바다를 누비는 온 가족을 위한 액티비티

라이드 덕 Ride the Ducks

주소 1199 Pale San Vitores Road, Tumon **위치** T 갤러리아 맞은편 도보 2분 **시간** 08:15, 10:00, 11:30, 13:30, 15:30(투어 출발은 시즌마다 다름 **요금** $49.50(성인), $25(2~11세), 무료(2세 미만 유아) **홈페이지** www.BestGuamTours.kr **전화** 671-646-8000/ 070-7838-0166 (한국)(카카오톡 상담 ID: bgtours)

아이를 동반한 가족들에게 특히 인기를 끌고 있는 온 가족을 위한 액티비티 라이드 덕. 육지와 바다를 동시에 누빌 수 있는 라이드 덕을 타고 투몬과 하갓냐 시내와 바다를 두루 둘러볼 수 있어 아이들이 괌에 더욱 친근해질 수 있는 기회를 제공해 준다. 건 비치Gun Beach에 위치한 더 비치 레스토랑 앤 바The Beach Restaurant & Bar에서 출발해 남쪽 하갓냐를 둘러본 후 바다로 나가 서부 해안을 둘러보는 코스로 한국어 음성 안내 서비스를 통해 괌에서 들를 만한 관광 포인트에 대해 더욱 자세히 알 수 있으니 자동차를 렌트하지 않는 가족 여행자들에게 특히 추천한다. 탑승 시 간단한 기념품(호루라기)을 제공하고, 체험 도중에 배를 직접 몰아볼 수 있는 크루징 타임이 준비돼 있으니 참고하자. 기상 상황에 따라 해양 투어가 취소될 수 있으니 꼭 출발 당일 날씨를 확인하고 애매하다면 전화나 카톡으로 문의하는 것을 추천한다.

한국인 입맛에 딱 맞는 한식 레스토랑
미담 Mi Dahm

주소 1023 Marine Corps Dr, Tamuning **위치** ❶ 웨스틴 리조트 괌에서 도보 10분 ❷ T 갤러리아에서 자동차 5분 **시간** 11:30~22:00(월~토), 17:00~22:00(일) **가격** $12~(1인) **홈페이지** www.infusionguam.com **전화** 671-646-9292

괌에 있는 10여 개의 한국 식당 중에서 현지인들은 물론 여행자들에게도 만족도가 괜찮은 식당이다. 된장찌개, 뚝배기 불고기, 육개장 등 간단한 식사류와 갈비, 꽃등심, 차돌박이 등 구이류를 메인으로 한다. 어린 아이나 부모님을 동반한 가족 단위 여행객이라면 한 번쯤 방문을 고려해도 괜찮은 곳으로 특별한 맛은 아니지만 한국의 맛을 느끼기엔 충분하다. 단점은 차량이 없으면 접근하기가 불편하다는 것이다. 멀지 않은 곳에 인기 스폿인 K 마트가 있으니 오가는 길에 들러서 식사를 하는 일정으로 계획하자.

현지인에게 인기 만점인 브런치 레스토랑

피카스 카페 Pika's Cafe

주소 888 N. Marine Corps Drive, Tamuning **위치** ❶ 웨스틴 리조트 괌에서 도보 12분 ❷ T 갤러리아에서 자동차 6분 **시간** 07:30~10:30(조식), 10:30~15:00(런치) **가격** $9~(조식), $12~(런치) **홈페이지** www.pikascafeguam.com **전화** 671-647-7452

현지인들이 좋아하는 하와이식 로컬 푸드인 로코모코와 바비큐, 샌드위치 등이 주요 메뉴다. 이곳은 지역에서 나고 자라는 재료를 이용해 지역과 상생하고 좋은 재료를 이용해 건강하고 맛 좋은 음식을 제공하는 착한 식당이다. 평범한 가게라 하기에는 플레이팅과 맛이 기대 이상이다. 인기 메뉴인 로코모코($15)와 구운 연어와 반숙 계란, 빵을 뒤섞은 연어 베네딕트($15), 시금치와 버섯을 넣고 치즈와 바질을 얹은 스키니 오믈렛($15)과 스테이크를 넣은 샌드위치와 수제 버거도 괜찮다. 입소문이 나면서 한국인 여행객 방문이 늘어 최근에는 김치와 불고기를 넣은 볶음밥까지 준비돼 있다. 조식과 런치 타임은 11시쯤 변경되니 다양한 메뉴를 맛보고 싶다면 10시 30분 정도에 방문하길 추천한다.

괌 최고의 수제 버거로 손꼽히는 맛집

메스클라 도스 MESKLA DOS LOWER

주소 413 A&B N. Marine Corps Dr, Tamuning **위치** ❶ 웨스틴 리조트 괌에서 도보 15분 ❷ T 갤러리아에서 자동차 8분 **시간** 11:00~21:00 **가격** $11~(1인) **홈페이지** www.infusionguam.com **전화** 671-646-6295

현지인뿐만 아니라 여행객의 입맛까지도 사로잡은 수제 버거 전문점. 괌 맛집 랭킹에서 빠지지 않는 가게로 두툼한 패티와 신선한 재료가 가득 찬 푸짐한 양과 맛으로 인기인 괌 대표 맛집이다. 소고기, 돼지고기, 닭, 해산물 등 들어가는 재료에 따라 달라지는 20여 종의 햄버거와 프렌치프라이 등 사이드 메뉴로 구성돼 있는데, 그릴에 구운 두꺼운 패티와 치즈가 들어간 그릴 치즈버거Grilled Cheese Burger와 사각 토스트 빵에 패티와 계란을 넣은 토스트 버거인 프렌치 토스트 슬래머 버거French Toast Slammer Burger가 인기 메뉴다. 테이크아웃도 가능하고 필수 쇼핑 스폿인 K 마트 바로 앞에 있으니 참고해 일정을 계획하자.

기념품, 생필품이 저렴한 대형 할인 몰

K마트 K Mart

주소 404 N. Marine Corps Drive, Tamuning **위치** ❶ 웨스틴 리조트 괌에서 도보 15분 ❷ T 갤러리아에서 자동차 8분 **시간** 24시간 **홈페이지** www.kmart.com **전화** 671-649-9878

괌에 방문하는 거의 모든 여행자가 한 번쯤 방문하는 대형 쇼핑몰이다. 우리에게도 익숙한 창고형 마트로, 신발에서부터 의료, 식재료, 비타민, 캠핑용품 등 살 것들이 가득하다. 식재료를 비롯해 각종 생필품이 저렴해 현지인에게도 인기다. 초콜릿, 말린 과일 등 인기 품목을 판매하는 시내 기념품 숍에서 이곳 가격을 비교할 정도로 가격도 괜찮다. 괌 유일의 국제공항과 가깝고, 남부와 북부를 연결하는 마린 코프스 드라이브 Marine Corps Drive 도로 중간에 위치해 도보로는 별로지만 렌터카 이용자라면 접근성이 아주 좋다. 참고로, 홈페이지를 가입하고 상단의 쿠폰 메뉴로 들어가면 회원들에게 제공하는 상시 할인 쿠폰을 받을 수 있다. 다른 매장과 달리 반드시 쿠폰을 인쇄해서 가져가야 한다. 쿠폰 외에도 홈페이지에서는 할인 정보, 프로모션 정보가 수시 업데이트되고 온라인 주문도 가능하다.

명품 매장이 가득한 고급 쇼핑몰

투몬 샌즈 플라자 Tumon Sands Plaza

주소 1082 Pale San Vitores Rd, Tamuning **위치** T 갤러리아에서 도보 5분 **시간** 10:00~19:00(쇼핑), 11:00~21:00(레스토랑) **홈페이지** www.tumonsandsguam.com **전화** 671-646-6802

1972년에 오픈한 20개 이상 명품 브랜드 매장이 입점해 있는 고급 쇼핑몰이다. 우리에게도 익숙한 발렌시아가Balenciaga, 구찌Gucci, 롤렉스Rolex, 보테가 베네타Bottega veneta 등 명품 브랜드 매장이 가득하다. 괌 프리미어 아웃렛, 마이크로네시아 몰 등 괌을 대표하는 다른 쇼핑센터에 비하면 가격대는 높지만 거의 모든 매장이 오픈형이 아닌 독립형으로 운영해 신상품이 제법 많다. 비슷한 매장을 보유한 T 갤러리아와 비교하면 다소 한가해 여유롭게 쇼핑을 즐길 수 있는 것도 이곳만의 장점이다. 투몬 샌즈 플라자-괌 프리미엄 아울렛을 왕복하는 무료 셔틀버스가 상시 운행되며, 내부에는 미국의 캐주얼풍 패밀리 레스토랑 칠리스, 코나 커피로 유명한 호놀룰루 커피도 영업 중이다.

• 투몬 샌즈 플라자 •

INSIDE

조이너스 레스토랑 게야키 Joinus Restaurant けやき

주소 1F, Tumon Sands Plaza, 1082 Pale San Vitores Rd, Barrigada **위치** T 갤러리아에서 남쪽으로 도보 8분 **시간** 11:00~14:00(런치), 17:30~21:00(디너) **가격** $25~(1인) **전화** 671-646-4087

미국에서 먹는 일본 철판 요리의 참맛을 느낄 수 있는 일식 레스토랑이다. 요리사의 화려한 불 쇼와 군침 도는 신선한 재료들로 바로 앞 철판에서 즉석으로 만들어 주는 철판 야키를 느낄 수 있는 곳으로 다른 레스토랑에 비해 너무 짜지도 않고 재료들도 신선해 여행자들 사이에서 많은 인기를 누리고 있다. 가장 인기가 많은 런치 세트는 두 가지로 나누어져 있는데, 등심 스테이크, 닭고기, 새우 베이컨 말이가 나오는 세트 A와 닭고기 대신 연어가 나오는 세트 B가 인기다. 이 외에도 스테이크와 랍스터를 제대로 즐길 수 있는 단품 메뉴도 있어 인원과 취향에 따라 선택해서 먹을 수 있다. 밥이나 미소장국은 기본으로 나오니 따로 주문할 필요가 없다.

매일 저녁 라이브 공연이 열리는 바 & 레스토랑

투몬 베이 랍스터 앤 그릴 Tumon Bay LOBSTER & GRILL

주소 2F, La Isla Plaza, 1010 Pale San Vitores Rd, Tamuning **위치** T 갤러리아에서 도보 4분 **시간** 17:00~22:00 **가격** $15~(1인) **홈페이지** www.facebook.com/tumonbaygrill **전화** 671-687-8701(한국어 예약)

투몬 샌즈 플라자 근처 식당가들이 모여 있는 라 이슬라 플라자La Isla Plaza에 위치한 바 & 레스토랑이다. 건물 2층에 창문이 오픈된 실외와 실내 테이블로 구성된 곳으로, 매일 저녁 라이브 공연을 보며 해산물을 비롯해 다양한 괌의 인기 요리를 맛볼 수 있다. 가게 이름에서도 알 수 있듯이 인기 메뉴는 랍스터다. 그 외에도 바비큐, 새우 요리 등 맥주와 곁들이면 괜찮은 메뉴가 주를 이룬다. 이 가게의 가장 큰 특징은 편안함. 라이브 공연이 열리는 야외 테이블은 우리나라 강남권에서 볼 수 있는 현대식 포장마차처럼 편안한 분위기에서 시간을 보낼 수 있다. 현지 매니저 추천 메뉴는 여러 종류의 음식이 함께 나오는 콤보 요리와 바비큐 립, 맥주 안주로 괜찮은 코코넛 슈림프다. 사전 요청 시 픽업이 가능하고, 한국인 매니저가 상주한다.

괌에 있는 태국 레스토랑 중 가장 유명한 식당

반타이 Ban thai

주소 971 Pale San Vitores Rd, Tamuning **위치** T 갤러리아에서 도보 7분 **시간** 11:00~14:00(런치), 16:30~21:00(디너; 월~목), 16:30~22:00(디너; 금, 토) **휴무** 매주 화요일 **가격** $15~(1인) **홈페이지** www.banthaiguam.com **전화** 671-649-2437

괌에 있는 꽤 많은 태국 음식점 중 가장 인기인 태국 레스토랑. 이름 그대로 태국 음식이 주를 이루며, 편안한 태국식 인테리어와 넓은 주차장까지 보유하고 있다. 신선한 재료를 이용한 현지식에 가까운 맛도 인기지만 이곳의 하이라이트는 런치 뷔페다. 국내에서는 1만 원이 훌쩍 넘는 태국식 수프 똠얌꿍을 비롯해 팟타이, 태국식 치킨 등 매일 달라지는 10여 가지 태국 음식을 부담 없이 즐길 수 있다. 현지인들에게도 인기가 많아 점심시간이 시작되는 12시쯤에는 제법 대기 줄이 생기고, 저녁 시간에는 여유로운 분위기로 가성비 괜찮은 태국 음식을 맛볼 수 있다.

각종 재료를 이용한 브라질식 바비큐 뷔페

슈하스코 CHURRASCO

주소 1000 Pale San Vitores Rd, Tamuning **위치** T 갤러리아에서 도보 4분 **시간** 18:00~21:30 **가격** 샐러드바 $27.60(성인), $13.80(4~10세)/ 디너 $55.20(성인), $27.60(4~10세) **홈페이지** www.churrascoguam.com **전화** 671-649-2727

소고기, 돼지고기, 파인애플 등 여러 가지 재료를 꼬챙이에 꽂아 숯불에 구운 브라질의 전통 요리 슈하스코 뷔페로 우리 입맛에 잘 맞는 곳이다. 괌 여행 시 한 번쯤 방문하게 되는 곳으로 여러 가지 고기를 맛볼 수 있어 인기다. 제법 넓은 규모 매장의 가운데에는 샐러드 바가 있고, 테이블마다 있는 꼬치 카드를 'YES'가 적힌 붉은색 카드 방향으로 해 테이블에 놓으면 목에 빨간 스카프를 한 직원이 닭고기를 비롯해 소시지, 소고기 등 각종 꼬치를 즉석에서 잘라 서빙한다. 숯불에 구워 내 담백한 맛이 일품이지만 약간 짜다는 평도 있다. 샐러드 바가 포함된 무제한 코스를 주로 이용하지만 샐러드 바+단품 요리도 이용 가능하다.

화덕 피자와 파스타가 괜찮은 미국 프랜차이즈 매장

타코스 시날로아 Tacos Sinaloa

주소 1010 Pale San Vitores Rd, Tamuning **위치** T 갤러리아에서 도보 6분 **시간** 12:00~21:00(화~일) **휴무** 매주 월요일 **가격** $4.25~(타코) **홈페이지** www.facebook.com/tacossinaloaguam **전화** 671-648-8226

여행자보다 현지인들이 즐겨 찾는 멕시칸 요리 전문점. 가게 이름으로도 알 수 있듯 멕시코 대표 음식인 타코를 전문으로 한다. 여행자 인기 메뉴는 타코 6종이 나오는 타코 플레이트Taco plate. 인기 메뉴 외에도 내용물에 따라 달라지는 약 12종의 타코 중 기호에 맞게 골라 먹으면 실패 확률이 거의 없다. 타코 외에도 부리또Burrito, 멕시코식 샌드위치인 토르타Torta, 퀘사디아Quesadilla 등 다양한 멕시코 요리와 맥주($5.5), 칵테일, 키즈 메뉴도 준비되어 있다. 계산 후 받는 영수증 하단에 팁 가이드가 있으니 참고하자. 현지인들이 몰리는 저녁 시간보다는 점심 또는 낮 시간에 방문하기를 추천한다.

괌 음식점 랭킹에서 늘 상위에 있는 일본 라멘 전문점

후지 이치반 Fuji Ichiban

주소 1000 Pale San Vitores Rd, Tamuning **위치** T 갤러리아에서 도보 7분 **시간** 11:00~다음 날 03:30 **가격** $9.95~(1인) **홈페이지** www.facebook.com/139524559455550 **전화** 671-647-4555

일본 도카이현을 중심으로 일본은 물론 괌까지 진출한 일본 라멘 프랜차이즈 전문점이다. 좋은 재료를 사용하고 화학 조미료는 최소한만 넣는 식당으로, 괌에서 열리는 음식 랭킹 프로그램에 3년 연속 수프와 라멘 분야에서 수상을 한 인기 식당이다. 새벽까지 이어지는 영업 시간과 저렴한 가격 그리고 깔끔한 맛으로 현지인은 물론 여행객의 입맛을 사로잡았다. 일본 어느 라멘집과 마찬가지로 고기 육수를 기본으로 한 일본 라멘을 비롯해 야키만두 등 다양한 메뉴가 준비돼 있다. 만약 괌에서 육류나 미국식 음식이 지겨운 여행자라면 한 번쯤 방문해 보자. 간장을 기본으로 한 소유 라멘Soy Ramen과 타이완 스타일로 매운맛이 들어간 타이완 돈코츠 라멘Taiwan Tonkotsu Ramen이 인기다.

조금 색다른 햄버거와 사이드 메뉴를 즐기고 싶다면

햄브로스 Hambros

주소 1108 San Vitores Rd, Tamuning **위치** T 갤러리아에서 도보 6분 **시간** 11:00~20:30 **휴무** 매주 화요일 **가격** $9.50~(버거), $6~(사이드 메뉴) **홈페이지** www.facebook.com/HambrosGuam **전화** 671-646-2767

한국 여행자의 입소문으로 점점 유명세를 키워가는 햄버거 맛집 햄브로스. 두툼한 패티와 신선한 재료로 승부하는 다른 버거집과 다르게 이곳은 통새우나 아보카도를 넣은 햄버거로 인기를 얻고 있다. 구운 통새우가 들어간 통새우 버거와 아보카도를 넣은 아보카도 버거 외에도 슈림프 샐러드, 칠리 치즈 튀김 등 사이드 메뉴도 다양해 여행자들 사이에서 호평을 받고 있다. 하지만 빵이나 야채 부분에서는 특별한 비교 우위를 가질 수 없어 호불호가 조금 갈리는 편이니 두꺼운 패티와 두툼한 빵을 원한다면 다른 버거집을 추천한다. 투몬 샌즈 프라자Tumon Sands Plaza 바로 옆길을 따라 30m 정도 걸어가면 나오는 단독 건물에 위치해 있어 쇼핑 전후에 식사를 위해 들르는 것을 추천한다.

깔끔한 맛이 일품인 베트남 음식점
타우 베이 포 Tau Bay Pho

주소 970 Pale San Vitores Rd, Tamuning **위치** T 갤러리아에서 도보 7분 **시간** 11:00~24:00 **가격** $15~(쌀국수) **홈페이지** www.facebook.com/tacossinaloaguam **전화** 671-649-0413

우리에게도 익숙한 쌀국수, 볶음밥, 파파야 샐러드 등 베트남 음식을 전문으로 하는 가게다. 꼭 찾아가 볼 정도로 특별한 맛은 아니지만, 호불호가 있는 괌 음식이 입에 맞지 않은 여행자나 아이를 동반한 가족 단위 여행객에게는 오아시스 같은 식당이다. 외국인 방문이 높은 만큼 퓨전 음식도 여럿 있지만 대부분 본토에 가까운 맛이다. 메뉴도 다양하고 괌 물가에 비하면 가격대도 착하다. 마이크로네시아몰 내 푸드코트에도 지점이 있고, 수량이 정해져 있는 메뉴를 제외하곤 양이 제법 많으니 주문 시 참고하자.

서핑 강습 프로그램을 운영하는 서퍼 숍
로투스 서프 Lotus Surf

주소 1F, La Isla Plaza, 1010 Pale San Vitores Rd, Tamuning **위치** T 갤러리아에서 도보 4분 **시간** 10:00~21:00 **가격** $90(1인), $125(2인)**홈페이지** www.lotussurfshop.com **전화** 671-649-4389

서핑용품과 비치웨어를 판매하는 서퍼 숍이다. 괌에서는 찾아보기 힘든 서핑 강습이 가능한 곳으로 해양 스포츠를 좋아하는 여행자들에게 제법 알려져 있다. 서핑 강습비는 1인 방문 시 $90이지만, 2인 방문 시 1인당 $62.5로 가격이 확 낮아진다. 강습 프로그램은 입수 전 기본 교육과 바로 이어지는 바다 실전 교육으로 이루어진다. 사람마다 다르지만 평균 1일 정도 강습이면 스탠드 업 자세까지는 가능하다. 교육비에는 호텔 픽업 및 드롭, 장비 대여료가 포함되어 있으며, 보드 구매 시 무료 레슨을 받을 수 있다. 4세 이상이면 누구나 강습이 가능하다.

현지인들이 주를 이루는 비치
마타팡 비치 공원 Matapang Beach Park

주소 801 Pale San Vitores Rd, Tamuning **위치** ❶ T 갤러리아에서 도보 12분 ❷ 괌 크라운 플라자 리조트 옆 공원에서 바로 연결 **시간** 24시간 개방

방문객들 중 여행자 비율보다 현지인 비율이 더 높은 비치다. 관광객에게 유명한 투몬 비치에 비하면 작은 규모이지만 녹지 공간과 바비큐를 즐길 수 있는 예약 시설까지 구비되어 주말이면 가족 단위로 찾는 현지인들이 많다. 호텔과 레스토랑 등 여행자를 위한 시설이 가득한 투몬 베이에서 유일하게 현지인들의 삶을 엿볼 수 있는 공간으로, 파도가 고요해 해수욕을 즐기거나 카누 등 바다 레포츠를 즐기기는 적당하다. 현지인들 비율이 높은 만큼 평일엔 다소 조용한 분위기. 일몰 포인트로도 괜찮고 평일 낮 시간대 스노클링을 즐기고 싶거나 복잡하지 않은 태닝 공간을 찾는다면 이곳을 방문해 보자.

자전거 대여를 운영하는 일본 편의점

편의점 오사카 CONVENIENCE STORE OSAKA

주소 800 Pale San Vitores Rd, Tamuning **위치** ❶ PIC 괌에서 북쪽으로 도보 3분 후 맞은편 ❷ 크라운 플라자 리조트 괌 맞은편 **시간** 07:00~23:00 **요금** $10(자전거 대여 5시간), $18(자전거 대여 5시간 이상, 당일 23시까지), $23(자전거 대여 24시간) **홈페이지** www.csosakaguam.com(일본어) **전화** 671-646-6706

괌에서 유일하게 잘 정비된 자전거를 대여해 주는 편의점이다. 우리나라 편의점과 달리 다양한 물건을 취급하는 작은 규모의 마트 개념으로 주로 일본 여행자들이 들른다. 괌 특산물부터 간단한 의류 및 일본 제품이 주를 이뤄 큰 특색은 없지만, 호텔을 제외하고는 괌에서 유일하게 자전거를 대여해 제법 많은 여행객들이 이용하는 상점 중 한 곳이다. 참고로 잘 정비된 자전거를 쉽게 빌릴 수 있고, 헬멧과 자물쇠를 포함해서 빌려 주기 때문에 안전이나 도난도 걱정 없다. 괌에서 자전거를 탈 때는 헬멧 착용은 필수니 절대 잊지 말자.

Notice 2022년 5월 현재 코로나19로 임시 휴업 중이다. 방문 전에 운영 여부 확인하자.

맛있는 커피와 와이파이를 즐길 수 있는 현지 인기 카페

커피 비너리 coffee beanery

주소 Fountain Plaza, 800 Pale San Vitores Rd, Tamuning **위치** ❶ PIC 괌에서 북쪽으로 도보 3분 ❷ 크라운 플라자 리조트 괌 맞은편 **시간** 07:00~18:00 **가격** $4.79(아메리카노), $3.49(카페모카) **홈페이지** coffeebeaneryguam.com **전화** 671-647-5761

스타벅스가 없는 괌에서 괜찮은 커피를 마실 수 있는 체인형 커피 전문점인 커피 비너리. 질 좋은 커피와 깔끔한 인테리어로 현지인들이 자주 찾는 카페다. 하와이 코나 커피를 포함한 다양한 원두를 구비하고 있으며 시스템이나 메뉴, 분위기가 스타벅스와 흡사하고 무료 와이파이와 많은 콘센트를 구비하고 있어 더위를 피해 시원하고 씁쓸한 아이스 아메리카노와 함께 시간을 보낼 수 있다. 커피 외에도 각종 샌드위치나 스낵류도 취급하니 참고하자. 괌 여러 곳에 매장이 있는데, 크라운 플라자 리조트 괌 맞은편에 있는 파운틴 플라자 Fountain Plaza 지점은 바로 앞이 트롤리 버스 정류장이어서 접근성이 매우 좋다. 이 지점 외에도 접근성 좋은 마이크로네시아 몰과 퍼시픽 플레이스Pacific Place에도 매장이 있으니 참고하자.

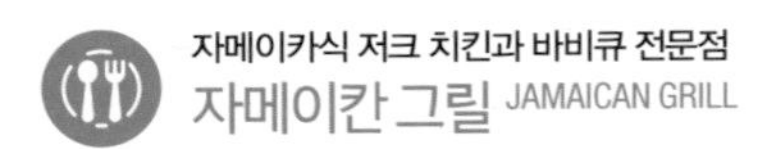

자메이카식 저크 치킨과 바비큐 전문점
자메이칸 그릴 JAMAICAN GRILL

주소 288 Pale San Vitores Rd, Tamuning **위치** ❶ PIC 괌 맞은편 ❷ 로얄 오키드 호텔 괌 좌측으로 도보 1분
시간 10:00~21:00 **가격** $14.95~(립), $59~(가족 세트[Family Platter]) **홈페이지** www.jamaicangrill.com
전화 671-647-4000

현지인 입맛과 여행자들의 입맛을 동시에 사로잡은 바비큐 전문점이다. 빨강, 노랑, 초록 자메이칸 스타일의 인테리어가 눈에 띄는 곳으로, 자메이카 전통 음식인 저크 치킨을 비롯해 피나딘 소스와 곁들여 먹는 오리지널 립과 스테이크를 즐길 수 있다. 레드 라이스 치킨 켈라구엔 등 차모로 전통 음식은 기본이고, 괌에서 잡히는 생선을 통으로 구운 통생선 바비큐도 호평을 받을 정도로 인기다. 요리 종류가 다양해 가족 단위 여행객과 현지인 비율이 상당히 높다. 인원이 3명 이상이라면 세트 메뉴로 주문하는 것이 조금 더 경제적이다. 레스토랑에서 먹을 수도 있지만 포장도 가능하기 때문에 숙소에서 느긋하게 식사를 하거나 해변으로 피크닉을 갈 때 포장해 가면 금상첨화다.

스노클링하기 좋은 조용한 비치

이파오 비치 공원 & 거버너 조지프 플로레스 비치 공원

Ypao Beach Park & Governor Joseph Flores Beach Park

주소 Governor Joseph Flores Beach Park, Pale San Vitores Rd, Tamuning **위치** T 갤러리아 앞 도로인 페일 샌 비토레스 로드(Pale San Vitores Road)에서 남쪽으로 자동차 7분 **시간** 24시간 개방

투몬 베이 남쪽에 위치한 해변 공원이다. 타무닝Tamuning 지역에서 가장 큰 녹지 공원으로, 푸른 잔디와 휴식 공간, 화장실과 야외 샤워 시설도 준비돼 있다. 이곳의 매력은 스노클링으로, 공원 앞 비치는 해양 보호 구역으로 지정돼 있고 산호초가 자연 방파제 역할을 해 파도가 거의 없고, 수심이 깊지 않아 스노클링을 즐기기에 제격이다.한 가지 기억할 것은 모래사장이 있는 비치에서 산호가 있는 곳까지 조금 걸어 나가야 화려한 색의 열대어가 가득한 바닷속 풍경을 만날 수 있다는 것. 공원 내 산책로도 잘되어 있어 유모차를 가져온 가족 단위 여행객에게 추천한다. 힐튼 호텔과 비치로 연결되고 PIC 호텔에서 도보 7분 거리에 있어 조깅이나 산책 코스로도 추천한다. 공원 내 바비큐 공간은 유료니 주의하자.

현지인들이 추천하는 괌 인기 레스토랑

프로아 PROA

주소 429 Pale San Vitores Rd, Tamuning **위치** T 갤러리아 앞 페일 샌 비토레스 로드(Pale San Vitores Road)로 남쪽으로 자동차 7분 **시간** 11:00~14:00(런치), 17:00~21:00(디너) **가격** $16~(1인) **홈페이지** www.proaguam.com **전화** 671-646-7762

괌 취재 과정에서 현지인은 물론 괌에 거주하는 한인 대부분이 추천했을 정도로 인기 있는 레스토랑이다. 푸짐한 양에 놀라고 기대 이상의 맛에 또 한 번 놀라는 식당이다. 식사 시간은 최소 20~30분 이상 대기 시간을 각오해야 할 정도로 인산인해를 이루는 곳이다. 주 메뉴는 괌 대부분의 식당에서 먹을 수 있는 차모로 스타일의 음식과 미국 음식이다. 인기 메뉴로는 세 종류의 바비큐를 맛볼 수 있는 빅 펠러 트리오Big Feller Trio($24.95), 프로아를 맛집으로 등극하게 한 BBQ 갈비인 히바치 스타일 숏 립Hibachi style short

ribs($22.95)이다. 바비큐가 가장 인기인 식당인 만큼 립이나 치킨 바비큐 단품도 괜찮고, 연어 스페셜도 괜찮다. 아피오 비치 공원 바로 옆에 있는 것은 본점이고, 하갓냐 대성당 근처에 2호점이 있었는데 코로나19로 현재는 운영되지 않는다. 괌을 대표하는 식당인 만큼 사전 예약은 필수. 식후에 해변 산책을 하고 싶다면 아피오 비치 공원에 주차하자.

국내 먹방 TV 프로그램에 소개된 뜨는 맛집

스리 스퀘어 three squares

주소 416 Chalan San Antonio, Tamuning **위치** T 갤러리아 앞 도로인 페일 샌 비토레스 로드(Pale San Vitores Road)에서 남쪽으로 자동차 10분 **시간** 08:00~21:00(화~일) **휴무** 매주 월요일 **가격** $16~(1인) **홈페이지** www.facebook.com/threesquaresguam **전화** 671-646-2652

여행자보다 현지인들이 주를 이루는 캐주얼한 식당이다. 힐튼 호텔에서 괌 프리미어 아웃렛으로 가는 길 한쪽에 위치한 곳으로, 한국 먹방 TV 프로그램에 소개되면서 국내에도 입소문이 난 곳이다. 깔끔하고 쾌적한 인테리어와 맛도 괜찮은 곳으로 주 메뉴인 차모로 전통 요리와 멕시칸 스타일이 섞인 미국 요리다. 가격대도 괜찮아 가성비 좋은 식당으로 인기다. 추천 메뉴로 두툼한 패티와 마요네즈 소스 베이스로 만든 로컬 버거Local Burger와 레드라이스에 차모로 방식으로 구운 치킨과 갈비가 나오는 피에스타 플레이트Fiesta Plate를 추천한다. 하와이 음식인 로코모코Loco Moco와 차모로 전통 음식도 있으니 참고하자.

괌 최대 규모의 미국 브랜드 아웃렛 매장

괌 프리미어 아웃렛 GUAM PREMIER OUTLETS

주소 199 Chalan San Antonio, Tamuning **위치** ❶ K 마트 앞 도로인 사우스 마린 코프스 드라이브(South Marine Corps Drive)를 따라 남쪽으로 자동차 6분 ❷ 투몬 샌즈 플라자에서 무료 셔틀버스 10분(2022년 5월 현재 미운행) ❸ PIC에서 무료 셔틀버스 7분(2022년 5월 현재 미운행) **시간** 10:00~19:00(일반 매장 기준, 그 외 영화관과 레스토랑은 추가 영업) **홈페이지** www.gpoguam.com **전화** 671-647-4032

쇼핑 천국인 괌에서 한 번쯤 들르게 되는 인기 중저가 브랜드 아웃렛이다. 타미힐피거, 나이키, 아디다스, 나인웨스트 등 우리에게 익숙한 브랜드가 밀집돼 있다. 아웃렛 특성상 백화점에서 판매하는 가격대보다 40~60% 저렴한 착한 가격으로 만날 수 있으며, 가벼운 기념품에서부터 고가의 의류 & 액세서리까지 다양한 아이템이 준비돼 있다. 괌 프리미어 아웃렛GPO에서 가장 인기 매장은 당연 타미힐피거Tommy Hilfiger다. 오프라인 쿠폰까지 지참하면 최대 80%까지 할인된 가격에 구매할 수 있어 괌 방문 시 꼭 들러야 하는 매장으로 손꼽힌다. 이 외에도 스포츠용품이나 특정 브랜드의 신발이 가득한 매장과 비타민 천국인 비타민 월드Vitamin World, 캐주얼 브랜드 리바이스와 게스 등이 인기다. 투몬 지역에 위치한 리조트 PICPacific Islands Club와 플레저 아일랜드가 있는 투몬 거리에서 도보 5분에 있는 투몬 샌즈 플라자Tumon Sands Plaza까지 무료 셔틀버스가 운영하고 있고, 매장 내에는 무료 와이파이가 제공되며 유명 식당이 모여 있는 푸드 코트도 있다.

Notice 2022년 5월 현재 코로나19로 무료 셔틀버스가 미운행 중이다. 현지에서 운행 여부를 반드시 확인하자.

괌 프리미어 아웃렛 플로어 맵

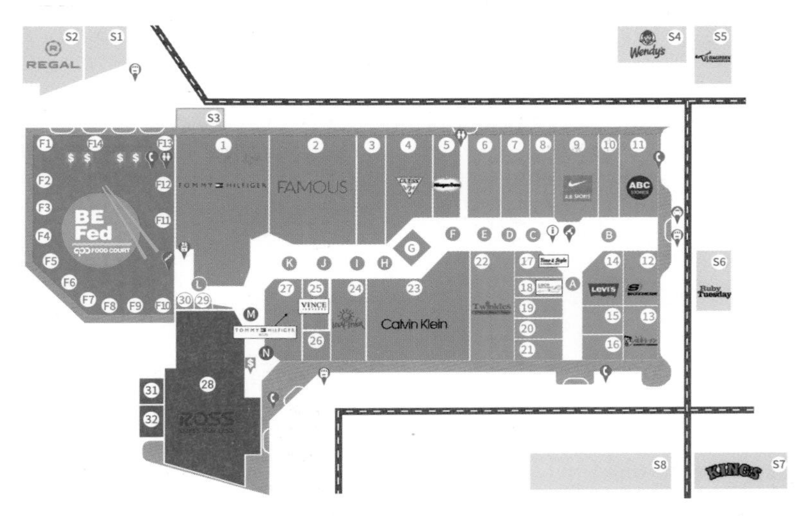

S2	Regal Theatres	영화관
S3	Cold Stone Creamery	아이스크림
S4	Wendy's	패스트푸드
S5	LongHorn Steakhouse	미국식 레스토랑
S6	Ruby Tuesday	미국식 바비큐 & 시푸드
S7	King's	24시간 레스토랑
F1	Subway	샌드위치
F2	Panda Express	중식 레스토랑
F3	Charley's Philly Steaks	샌드위치
F4	Hong Kong Wok	중식 레스토랑
F5	Taco Bell	멕시칸 레스토랑
F6	Sbarro	이탈리안 레스토랑
F7	KFC	패스트푸드
F8	Aji-Ichi	일식 레스토랑
F11	Imperial Garden	한국식 바비큐
F12	Mongo Mongo	몽골식 바비큐
1	Tommy Hilfiger	의류
2	Famous Footwear	신발
3	Levi's/Guess Pop Up Store	의류
4	Guess Outlet	의류
5	Hagen-Dazs	아이스크림 전문점
23	Calvin Klein	의류
24	Local Fever	아동복
25	Vince Jewelers/Pandora	주얼리
27	Tommy Hilfiger Kids	의류
29	Memories of Guam	기념품 숍

F	Pink House	헤어 액세서리
H	Flip Flop Shops	신발
J	Docomo Pacific	통신 및 모바일
I	Tech Savvy	모바일 액세서리
6	Bestseller(Cup&Saucer)	책 및 잡화, 카페
7	Calvin Klein Accessories	액세서리
8	Fragrance Outlet	향수
9	Nike Sports by A,B Sports	의류, 스포츠
10	Vitamin World	건강 보조 식품
11	ABC Stores	신발
12	Skechers	신발
13	Ajisen Ramen	라멘
14	Levi's Outlet	의류
15	New York Nails	네일 숍
16	Hair Town	미용실
17	Time & Style	시계 및 잡화
18	Loco Boutique	수영복
21	Natural by Nina	화장품
22	Twinkles	아동 장난감
B	Cinnabon	시나몬롤 전문점
C	Information Booth	안내 부스
E	Pearl Factory	액세서리
28	Ross	대형 할인점
M	IT&E	통신 및 모바일
N	Chatime	차(Tea) 전문점

타미힐피거 Tommy Hilfiger

글로벌 라이프 스타일 브랜드. 이미 국내에도 유명한 캐주얼 브랜드로, 고유의 클래식한 스타일과 편안함을 가진 브랜드다. GPO에 위치한 아웃렛 매장은 상시 할인에 중복 적용 가능한 오프라인 할인 쿠폰을 제공해 최고 80%까지 저렴한 가격으로 득템할 수 있다. 쿠폰은 GPO 내부 안내소에서 무료로 배포하는 종이 쿠폰과 타미힐피거 공식 홈페이지에서 모바일 쿠폰을 받을 수 있다.

게스 Guess

프리미엄 진Premium Jean으로 유명한 브랜드로 한국인에게도 매우 익숙한 브랜드다. 한국보다 저렴한 가격으로 인기가 높다. 청바지를 비롯한 각종 진 뿐만 아니라 가방, 액세서리 등을 팔고 있는데 다른 브랜드와 마찬가지로 몸에 걸치는 종류는 한국 사이즈와 다르니 꼭 입어 보거나 미국 사이즈를 알아보고 쇼핑하는 것을 추천한다.

비타민 월드 Vitamin World

의약품이 잘 발달돼 있는 미국에서 가장 다양하고 경제적으로 만날 수 있는 최적의 장소. 종합 비타민제부터 항산화제, 변비약, 수면 유도제까지 다양한 종류의 보조 식품 및 영양제가 회원 가입 시 40% 할인까지 가능하니 방문 전에 홈페이지(www.vitaminworld.com)를 확인하는 것은 필수다.

시나본 Cinnabon

달콤한 디저트와 커피를 사랑하는 여행자라면 한 번쯤 들러 볼 만한 시나몬롤 전문점. GPO와 마이크로네시아 몰에 각각 있다. 미국 본토에서는 이미 유명한 시나몬롤 체인점으로, 다양한 종류의 토핑이 올려진 시나몬롤을 만날 수 있다. 디저트 자체가 매우 달기 때문에 달콤한 음료보다는 아메리카노, 라테, 우유 등이 잘 어울린다.

페이머스 풋웨어 Famous Footwear

가게 이름 그대로 인기 있는 신발 브랜드를 취급하는 소매점이다. 1960년부터 시작해 지금은 1,000개가 넘는 매장을 운영하고 있을 정도로 좋은 제품을 저렴하게 만날 수 있다. 간혹 재고 상품(특정 사이즈)을 파격적인 가격으로 제공하는 이벤트도 열리니 한 번 들러 보자. 유아용 신발도 생각보다 많다.

트윙클스 Twinkles

아이를 동반한 가족 단위 여행객이나 조카, 손자, 손녀 등 어린아이 선물이 필요한 사람이라면 들러 볼 만한 키즈 제품 할인점이다. 가방부터 레고, 수영용품 등 정말 많은 아이템이 준비되어 있다.

캘빈클라인 Calvin Klein

진, 언더웨어, 수영복, 시계, 향수 등 다양한 라이프 제품을 선보이는 브랜드. 설명이 필요 없을 정도로 우리에게 잘 알려진 브랜드로, GPO 매장에서는 백화점 가격보다 약 30~60% 저렴한 가격으로 여러 아이템을 만날 수 있다. 영수증에 타미힐피거 등 GPO 매장에서 쓸 수 있는 쿠폰도 제공한다.

나이키 Nike

스포츠 웨어 전문 브랜드. 신발부터 트레이닝복 등 다양한 종류의 신발과 의류를 취급하는 곳으로, 신발의 경우 GPO 내에 있는 종합 신발 숍에서도 다양하게 만날 수 있다. 일반 가격은 한국이랑 비슷하지만 할인 제품 중에는 한국보다 훨씬 저렴한 제품들이 종종 나오기 때문에 GPO뿐만 아니라 마이크로네시아 몰도 둘러보자.

리바이스 Levi's

우리나라에서 인지도 높은 청바지 전문 브랜드. 청바지 외에도 재킷, 언더웨어, 액세서리 등 다양한 아이템을 저렴한 가격으로 만날 수 있다.

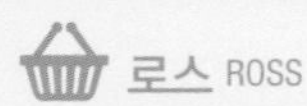 로스 ROSS

괌 프리미어 아웃렛에서 가장 인기 좋은 잡화 전문 아웃렛이다. 진정한 아웃렛이라 해도 좋을 정도로 매주 들어오는 각종 브랜드를 평균 20~60%, 최고 80%까지 저렴한 가격에 판매한다. 대형 창고 같은 넓은 공간에 디스플레이는 물론 마네킹, 장식품 없이 빼곡하게 옷이 걸려 있는데, 나름 사이즈대로 구별해 놓았지만 원하는 브랜드에 딱 맞는 옷을 고르려면 30분 정도는 기본이다. 잘만 찾으면 백화점에서 판매하는 제품을 말도 안 되는 가격에 구매하니 말 그대로 득템을 할 수 있는 곳이다. 잘 찾으면 준명품급 물건도 여럿 있어 시간을 투자할 만하다. 인테리어 소품, 소형 가전, 전자 기기, 장난감, 모자, 신발 등 쇼핑을 지루해하는 남성들과 아이들을 위한 품목도 준비돼 있어 가족 단위 방문도 부담 없다. 단 매장이 무척 넓으니 아이들과 헤어지지 않도록 주의하자. 매주 목요일 밤에 신규 물건이 들어와 금요일 아침에는 좋은 물건을 찾을 확률이 높고 평소에도 개장 전 신제품이 걸리니 오전 방문을 추천한다. 평소에도 계산하기 위해서는 20~30분 정도 기다려야 하는 단점이 있지만, 하나라도 득템하면 지출했는데도 이상하게 돈을 번 듯한 즐거움을 경험하게 되니 쇼핑을 좋아하지 않아도 한 번쯤 방문해 보길 추천한다. 마지막으로 마이크로네시아 몰엔 2호점이 운영 중이다.

주소 29-GPO, 199 Chalan San Antonio, Tamuning 위치 GPO 메인 건물 내부에 위치 시간 06:00~다음 날 1:30 홈페이지 www.rossstores.com 전화 671-647-7677

GPO 푸드 코트 GPO Food Court

괌 프리미어 아웃렛 내부에 위치한 푸드 코트다. 국내에서도 유명한 서브웨이, 타코 벨 등 미국 유명 프랜차이즈와 몽골리안 스타일의 BBQ 몽고몽고MONGO MONGO, 수십 종의 음식 중 원하는 음식을 담고 결제한 후 먹는 중국식 레스토랑 판다 익스프레스PANDA EXPRESS, 주문과 동시에 조리되는 샌드위치 전문점 찰리스 필리 스테이크 CHARLEY'S PHILLY STEAKS 등 약 15개 가게가 모여 있다. 꼭 찾아갈 정도의 음식점은 아니지만 쇼핑 전후 간단하게 요기하거나 가성비 좋은 식당을 찾는다면 추천한다.

주소 Food court-GPO, 199 Chalan San Antonio, Tamuning 위치 GPO 내부 타미힐피거 매장 옆으로 바로 연결 시간 11:00~(가게마다 다름) 가격 $10~(1인)

롱혼 스테이크하우스 LongHorn Steakhouse

미국의 프랜차이즈 스테이크 레스토랑 중 동부 지역에서 꽤 유명한 가게로 2021년 괌에 오픈했다. 전 세계의 유명한 아웃백 스테이크 하우스들 못지않은 높은 퀄리티의 스테이크와 버거, 새우튀김 등 수십 종의 서브 메뉴가 준비되어 있다. 가장 인기 있는 메뉴는 아웃로 립아이Outlaw Ribeye와 체다 치즈를 넣어 구운 버섯 요리White Cheddar Stuffed Mushrooms. 스테이크가 부담된다면 버거류도 맛있다. 식전 빵은 국내에서도 유명한 아웃백 부시맨 브레드 못지않게 담백하며 맛있고, 스테이크는 고기 종류에 따라 무게가 달라지는데 1oz(온스)는 28.3g으로 계산해 양을 선택하면 된다.

주소 S5-GPO, 199 Chalan San Antonio, Tamuning 위치 GPO 메인 건물에서 시나본, ABC 스토어 있는 출구로 나와 왼쪽으로 도보 1분 시간 11:00~22:00 가격 $18~(1인) 홈페이지 www.facebook.com/longhornsteakhouseguam 전화 671-969-5448

웬디스 Wendy's

1969년부터 시작된 국제적인 패스트푸드 체인점이다. 우리에게 잘 알려진 맥도날드와 업계 순위 경쟁을 할 정도로 미국 햄버거 선호도 조사에서 늘 순위권에 꼽히는 미국 토종 브랜드이며, 얼리지 않은 냉장육을 사용한 사각 패티 햄버거로 유명하다. 햄버거 맛도 괜찮지만 웬디스가 인기몰이를 하고 있는 이유는 모닝 메뉴. 로컬 브렉퍼스트 플래터즈Local Breakfast Platters라 불리는 6종 현지식 메뉴로, 밥+스크램블 에그+소시지 또는 패티 또는 베이컨이 포함된 세트 메뉴가 단돈 $4.60이기 때문이다. 특별하다 싶을 정도의 구성과 맛은 아니지만 남부 또는 북부로 드라이브를 출발하거나 아침 일찍 일정을 시작하는 여행자라면 괜찮은 한 끼를 해결할 수 있다. 음료 주문 시 무한 리필이 가능하며, 드라이빙 스루도 가능하다. 마이크로네시아 몰 근처 및 괌 여러 곳에도 매장이 있다.

주소 S4-GPO, 199 Chalan San Antonio, Tamuning 위치 GPO 메인 건물에서 시나본, ABC 스토어 있는 출구로 나와 왼쪽으로 도보 1분 시간 06:00~22:00 가격 $7~(1인) 홈페이지 www.facebook.com/WendysGuam 전화 671-647-0282

파이올로지 Pieology

피자를 만들 수 있는 다양한 경우의 수를 내 취향대로 조합해서 먹을 수 있는 피자 전문점 파이올로지. 커스텀 샌드위치로 유명한 서브웨이처럼 도우부터 소스, 토핑, 치즈 등 피자를 구성하는 다양한 재료를 직접 선택한 후 화덕에 구운 피자를 즐길 수 있는 곳이다.

도우(얇은, 두꺼운, 글루텐 프리), 소스(홈페이드 레드, 알프레도, 갈릭 허브 버터, 해바라기-올리브유, 피어리 버팔로, 페스토, BBQ), 치즈(모짜렐라, 리코타, 파마산, 페타, 고르곤졸라, 채식주의 모짜렐라), 속 재료(페퍼로니, 소세지, 미트볼, 치킨, 매운 치킨, 캐나다식 베이컨, 베이컨, 매운 이탈리아 소세지, 살라미), 속 재료2(블랙 올리브 외 10종), 소스2(페스토, BBQ, 피어리 버팔로)를 선택한 후 다른 사이드 메뉴(선택)와 함께 계산하면 된다. 셀프 포장대도 준비되어 있으니 참고하자.

주소 341 Chalan San Antonio, Tamuning **위치** GPO 메인 건물에서 게스(Guess)와 베스트셀러(Bestseller) 서점 사이에 있는 출구로 나와 정면으로 도보 2분 **시간** 11:00~22:00 **가격** $13.99~(피자) **홈페이지** www.pieology.com **전화** 671-969-9224

킹스 KING'S

24시간 운영하는 패밀리 레스토랑이다. 정통 미국식 요리에 현지인인 차모로 가정식을 퓨전한 레스토랑으로, 늦은 저녁 시간은 물론 새벽에도 찾는 사람이 제법 많은 로컬 식당이다. 인기 메뉴로는 계란을 얹고 얇게 썬 소시지가 함께 나오는 볶음밥인 프라이드 라이스 알라Fried Rice Ala와 흰 쌀밥 위에 계란프라이를 얹고 그레이비Gravy 소스를 두른 로코모코Loco Moco, 가볍게 먹을 수 있는 샌드위치 등 브런치 메뉴가 있다. 특별한 맛은 아니지만 가격 대비 양이 많아 가성비 좋은 식당으로 손꼽힌다. 근사한 저녁 식사보다는 브런치나 가벼운 점심 식사를 원한다면 한 번쯤 방문해 보자.

주소 S7-GPO, 199 Chalan San Antonio, Tamuning **위치** GPO 메인 건물에서 로스 매장 출구로 나와 도보 2분 **시간** 24시간 **가격** $7.25~(1인) **홈페이지** www.facebook.com/kingsrestaurantguam **전화** 671-646-5930

정통 미국식 스테이크를 맛볼 수 있는 곳
론 스타 스테이크하우스 LONE STAR STEAKHOUSE

주소 615 South Marine Corps Drive, Tamuning **위치** ❶ K 마트 앞 도로인 사우스 마린 코프스 드라이브(South Marine Corps Drive)를 따라 남쪽으로 자동차 5분 ❷ 괌 프리미어 아웃렛에서 자동차 2분 **시간** 11:00~22:00 **가격** $26~(1인) **홈페이지** www.facebook.com/LoneStarGuam **전화** 671-646-6061

여행자들 사이에는 유명한 미국식 스테이크 전문점으로 두툼한 스테이크와 각종 미국식 요리를 맛볼 수 있다. 우리에게 익숙한 패밀리 레스토랑처럼 편안한 분위기가 특징인 곳으로, 가격대는 국내 아웃백 가격보다 약간 저렴하다. 주 메뉴 중 스테이크를 살펴보면 등심을 사용한 산 안토니오 설로인San Antonio Sirloin, 클래식해 인기가 좋은 뉴욕 스트립New York Strip, 꽃등심을 사용해 부드러운 델모니코Delmonico와 텍사스식 꽃등심 스테이크인 텍사스 립아이Texas Ribeye, 꼬리 쪽에 해당하는 세모꼴 부분을 베이컨으로 감아 구워 내는 필레미뇽Five Star Filet Mignon까지 기본 다섯 가지 스테이크와 세 종류의 시그니처 스테이크가 준비돼 있다(영어 메뉴판 기준). 스테이크는 호불호가 있지만 스테이크와 동시에 다른 요리를 함께 맛볼 수 있는 론 스타 콤보 중 립과 함께 나오는 설로인 & 립스Sirloin & Ribs($31)는 가성비가 좋아 인기다. 맥주를 좋아한다면 어마어마한 라지 사이즈 생맥주 주문은 필수. 개인적 의견으로 다른 레스토랑과 비교했을 때 고기가 약간 질긴 편이다.

현지 교민들이 강력 추천한 레스토랑
테이블 35 table 35

주소 665 South Marine Corps Drive, Tamuning **위치** ❶ K 마트 앞 도로인 사우스 마린 코프스 드라이브(South Marine Corps Drive)를 따라 남쪽으로 자동차 5분 ❷ 괌 프리미어 아웃렛에서 자동차 3분 **시간** 11:30~15:00(월~토, 런치), 17:30~22:00(월~토, 디너), 17:00~21:00(일, 디너만 운영) **가격** $12~(런치 1인), $25~(디너) **홈페이지** www.facebook.com/Table35Guam **전화** 671-989-0350

맛집 많기로 유명한 괌 프리미어 아웃렛 근처에서도 현지인들과 여행자들 사이에서 전부 호평을 받고 있는 파인 다이닝 레스토랑이다. 특히 도전적이고 깔끔한 요리를 선보여 괌 현지에서는 특별한 날 식사를 하는 곳으로 유명해 현지 교민들이 추천하는 괌 인기 식당이기도 하다. 주 메뉴는 점심에는 간단한 샌드위치와 햄버거가 주를 이루고, 저녁에는 스테이크와 랍스터를 비롯한 다양한 메뉴가 준비돼 있다. 추천할 만한 메뉴 중에는 입에서 녹는 듯한 식감과 풍부한 육즙으로 괌에서도 스테이크로 세 손가락 안에 드는 로스티드 비프 텐더로인Roasted Beef Tenderloin과 와인 같은 주류에 잘 어울리는 연어 스프링 롤Salmon spring rolls, 메인 디시와 함께 먹기 좋은 미소 에그플랜트Miso Eggplant 샐러드를 추천한다.

그림 같은 일몰을 만날 수 있는 호텔 라운지 카페

더 포인트 The Point

주소 470 Farenholt Avenue, Tamuning **위치** T 갤러리아에서 페일 샌 비토레스 로드(Pale San Vitores Road)로 자동차 15분 **시간** 08:00~23:00(주문 마감 22:00) **가격** $3.50~(스타벅스 커피), $6(비프&치킨화이타), $6~(칵테일) **홈페이지** www.rihga-guam.com **전화** 671-646-2222

리가 로얄 라구나 괌 리조트에 위치한 로비 라운지 카페다. 에메랄드빛 바다와 호텔 인피니티 풀이 훤히 보이는 대형 창에 고급스럽고 안락한 분위기를 선사한다. 날씨 좋은 날 해가 질 무렵 카페 창가에 앉아 있으면 붉게 저물어 가는 그림 같은 일몰을 만날 수 있다. 호텔 라운지 카페임에도 스타벅스 커피를 제공하고, 음식과 주류 가격대가 제법 착하다. 특히 가볍게 먹을 수 있는 애피타이저, 샌드위치와 버거가 기대 이상으로 가성비가 좋다. 추천 메뉴로는 한 끼 식사로도 부족함 없는 알찬 라구나 버거Laguna Burger($15.50)와 스테이크가 들어간 라구나 스테이크 샌드위치Laguna Steak Sandwich($16.50)다. 오후 시간대에 칵테일 등 주류 할인을 제공하는 이벤트가 자주 열리니 해 질 무렵 사랑하는 사람과 노을을 보기 위해 방문한다면 칵테일을 추천한다. 참고로 해가 진 이후에는 조명을 낮추고 재즈풍의 좋은 음악을 틀어 분위기를 달리한다.

고급 스파를 즐길 수 있는 곳

앙사나 스파 Angsana Spa

주소 470 Farenholt Avenue, Tamuning **위치** T 갤러리아에서 페일 샌 비토레스 로드(Pale San Vitores Road)로 자동차 15분 **시간** 10:00~23:00 **요금** $220(듀엣[120분 트리트먼트+30분 릴렉싱 타임]), $175(글로우[90분 트리트먼트+30분 릴렉싱 타임]) **홈페이지** www.rihga-guam.com **전화** 671-646-2222

태교 여행으로 괌을 방문하는 임산부라면 한 번쯤 가 볼 만한 스파다. 리가 로얄 라구나 괌 리조트에서 운영하는 곳으로, 임산부를 위한 코스가 준비돼 있고, 스파와 마사지 쪽으로는 세계적인 명성을 얻고 있는 반얀트리 마사지 스쿨을 수료한 전문가가 서비스를 제공한다. 규모가 크진 않지만 고급스럽고 깔끔한 내부 시설로 안락한 분위기를 내는 것이 특징으로, 한국어 코스 설명 팸플릿이 있어 더욱 편리하다. 추천 코스로는 임신 4~7개월 사이의 임산부에게 제공하는 리드믹Rhythmic 마사지다. 태교 겸 휴식 여행을 온 산모에게 적합하고 평도 괜찮다. 참고로 마사지나 스파를 진행하기 전에 한국어로 된 설문지로 몸 상태에 대한 전반적인 것을 체크하는데, 사전 조사를 통해 개인별 맞춤 서비스를 제공하는 만큼 꼼꼼히 읽고 체크하도록 하자.

푸짐한 양에 놀라는 가성비 좋은 레스토랑

셜리스 커피숍 Shirley's Coffee Shop

주소 388 Gov Carlos G Camacho Rd, Tamuning **위치** ❶ T 갤러리아에서 페일 샌 비토레스 로드(Pale San Vitores Road)로 자동차 17분 ❷ 온워드 비치 리조트 괌에서 도보 5분 **시간** 07:30~20:00(월요일 22:30까지) **가격** $12~(1인) **홈페이지** www.shirleyscoffeeshop.com **전화** 671-649-6622

요리를 좋아하고 맛있는 음식을 대접하기를 좋아했던 셜리스 와이 아주머니(?)가 오픈한 레스토랑이다. 지금은 아들이 운영하지만, 여전히 많은 현지인이 찾는 가성비 좋은 식당이다. 합리적인 가격에 캐주얼한 분위기로 부담 없이 편안한 식사를 즐길 수 있는 곳으로, 하갓냐 본점을 포함해 3개 지점이 운영되고 있다. 주 메뉴는 필리핀계와 원주민 차모로족을 위한 퓨전 요리와 미국 요리로, 우리가 먹는 새우와는 비교할 수 없는 큰 새우가 메인인 점보 프라운($18.95~), 가성비 좋은 오믈렛($11.50~), 차모로 현지인식 반건조 재료를 사용한 홈메이드 메뉴 초리조($14.50~)가 인기다. 패스트푸드라 맛은 2% 부족하지만 둘이 먹어도 괜찮을 정도로 푸짐한 양과 쾌적하고 분위기가 편안하니 가성비 좋은 식당을 찾는다면 한번 들러 보자. 참고로 음료와 커피는 리필이 가능하며, 추천 요리를 할인해 주는 상시 이벤트가 열리니 가게 입구에 있는 입간판을 살펴보자.

각종 수상 레포츠를 즐길 수 있는 비치 클럽

알루팡 비치 클럽 Alupang Beach Club

주소 997 South Marine Corps Drive, Tamuning **위치** K 마트 앞 도로인 사우스 마린 코프스 드라이브(South Marine Corps Drive)를 따라 남쪽으로 자동차 7분 **시간** 08:00~17:00 **휴무** 매주 토요일 **요금** 슈퍼 비치 리조트 $60(성인), $40(7~14세), $25(3~6세), 무료(1~2세)/ +$5(기본+바나나 보트 또는 보트 포함 시), +$10(기본+제트 스키 포함 시), +$15(기본+패러세일링 포함 시), + $10(기본+돌고래 투어+스노클링 포함 시) **홈페이지** www.abcguam.com **전화** 671-649-5200

에메랄드빛 바다에서 각종 수상 레포츠를 즐길 수 있는 인기 비치 클럽이다. 다른 비치 클럽보다 접근성이 좋고 시설이 좋아 1987년 개장 이후 하루 300명 이상의 관광객이 찾을 정도로 꽤 인기가 좋은 비치 클럽이다. 이곳만의 장점은 ABC 슈퍼 비치 리조트라 불리는 기본 프로그램을 꼽을 수 있는데, 알루팡 비치 클럽에서 판매하는 어떤 상품을 이용해도 점심 뷔페(10:45~15:30)와 수상 자전거, 페달 보트 등 총 12개, 비치 파라솔, 의자 등 부대시설을 무료로 이용할 수 있다. 참고로 가장 요금이 저렴한 슈퍼 비치 리조트만 이용하기에는 약간의 가격 부담과 아쉬움이 남으니 돌고래 투어나 패러세일링이 포함된 상품을 추천한다. 비치에서 진행하는 제트 스키, 바나나 보트와 버스로 이동해 다른 항구에서 진행되는 돌고래 투어, 패러세일링은 운영 시간이 정해져 있으니 입장 시 시간을 꼭 확인할 것. 참고로 비치 슈즈와 로커 룸, 스노클링 장비 대여는 무료지만 타월은 지급하지 않으니 호텔에서 미리 챙겨 가자.

Notice 2022년 5월 현재 코로나19로 임시 휴업 중이다. 방문 전에 운영 여부 확인하자.

하갓냐

Hagåtña

괌의 주요 거점이자 행정 수도

스페인의 괌 식민 지배 당시 괌을 통치했던 주요 거점 수도로서 다양한 행정 기관들이 몰려 있는 하갓냐는 투몬 지역이 개발되기 전까지 괌 거점 항구인 하갓냐 항구를 끼고 있는 번화한 지역이었다. 지금도 아름다운 외관을 자랑하는 하갓냐 대성당과 괌 박물관, 괌 정부 종합 청사 등 괌을 대표하는 건물들이 여행자들을 기다리고 있다. 대부분의 오락거리나 휴양 시설이 투몬 지역에 몰려 있기 때문에 번잡한 곳을 싫어하는 여행자들은 하갓냐의 조용한 해변에서 휴양을 하다가 숙소로 돌아가도 좋다. 현지인 비율이 더 많고 관광객이 적어 괌에서 맛집으로 소문난 셜리스 커피숍, 카프리초사 분점에서 여유로운 식사를 즐길 수 있다.

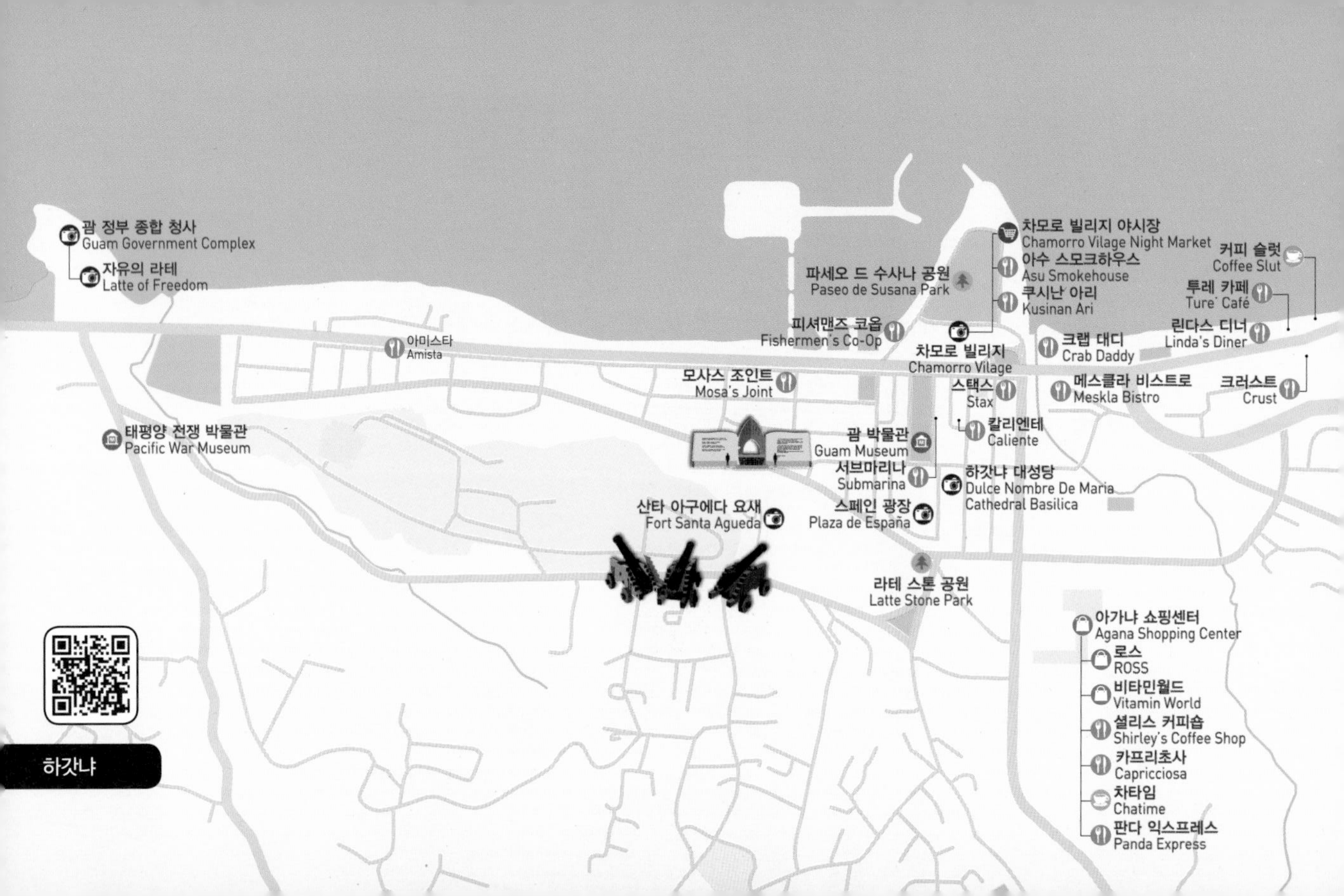

괌 정부 종합 청사
Guam Government Complex
자유의 라테
Latte of Freedom
태평양 전쟁 박물관
Pacific War Museum
아미스타
Amista
파세오 드 수사나 공원
Paseo de Susana Park
피셔맨즈 코옵
Fishermen's Co-Op
모사스 조인트
Mosa's Joint
차모로 빌리지 야시장
Chamorro Vilage Night Market
아수 스모크하우스
Asu Smokehouse
쿠시난 아리
Kusinan Ari
차모로 빌리지
Chamorro Vilage
커피 슬럿
Coffee Slut
투레 카페
Ture' Café
린다스 디너
Linda's Diner
크랩 대디
Crab Daddy
메스클라 비스트로
Meskla Bistro
크러스트
Crust
스택스
Stax
칼리엔테
Caliente
괌 박물관
Guam Museum
서브마리나
Submarina
하갓냐 대성당
Dulce Nombre De Maria
Cathedral Basilica
산타 아구에다 요새
Fort Santa Agueda
스페인 광장
Plaza de España
라테 스톤 공원
Latte Stone Park
아가냐 쇼핑센터
Agana Shopping Center
로스
ROSS
비타민월드
Vitamin World
셜리스 커피숍
Shirley's Coffee Shop
카프리초사
Capricciosa
차타임
Chatime
판다 익스프레스
Panda Express

교통편 렌터카를 이용하는 여행자들은 사우스 마린 코프스 드라이브를 따라서 이동하다 보면 자동차로 10분 정도 거리에 위치한 하갓냐 시내를 금방 만날 수 있다. 하지만 트롤리 버스를 통해 하갓냐 지역으로 오려는 여행자들은 차모로 빌리지행 버스나 괌 프리미어 아웃렛↔레오팔레스 호텔을 순환하는 트롤리 버스를 타야 한다. 투몬에서 출발하는 차모로 빌리지행 버스(왕복 $10)는 1~3일권 셔틀버스에 포함되지 않기 때문에 따로 구매해야 하고, 괌 프리미어 아웃렛↔레오팔레스 호텔행 버스는 프로모션에 적용되지만 도보로 10분 이상 걸어야 한다는 단점이 있다. 그렇기 때문에 하갓냐를 둘러볼 때는 수요일 낮 시간(첫차 오전 10시부터 약 1시간 20~50분 간격으로 운행)에 차모로 빌리지행 버스(왕복 $10)를 타고 하갓냐를 둘러본 후 차모로 빌리지 야시장까지 즐긴 후 저녁 9시 막차를 타고 투몬 지역으로 복귀하는 방법을 추천한다.

동선 팁 투몬과 달리 하갓냐를 둘러보는 일정은 에어컨이 빵빵한 건물보다는 외부 일정이 대부분이다. 다행히 대부분의 관광 스폿들이 도보 15분 거리 내에 위치해 있어 괴롭지는 않은 정도지만 한낮의 뜨거운 태양을 쬐며 걸어 다니기에는 무리이니 짧은 거리여도 자동차 이동을 추천한다. 오전부터 하갓냐 일정을 시작한다면 해가 강하지 않고 바다가 아름다운 오전에는 하갓냐 해변이나 파세오 공원 쪽에서 간단히 물놀이를 즐기다가 낮 시간에는 하갓냐 맛집 중 하나를 골라 식사를 한 후 해변을 마주 보는 테라스에서 더위도 피하고 여유로운 시간을 즐긴다.

Best Course

렌터카 여행

투레 카페
↓ 자동차 3분
차모로 빌리지
↓ 도보 3분
하갓냐 대성당
↓ 도보 3분
스페인 광장
↓ 도보 10분
칼리엔테(식사)
↓ 자동차 4분
괌 정부 종합 청사 & 자유의 라테
↓ 자동차 5분
아가냐 쇼핑센터
↓ 자동차 5분
스택스(식사)

트롤리 버스 여행

아가냐 쇼핑센터
↓ 도보 15분
산타 아구에다 요새
↓ 도보 7분
스페인 광장
↓ 도보 3분
하갓냐 대성당
↓ 도보 2분
스택스(식사)
↓ 도보 3분
차모로 빌리지
↓ 도보 2분
파세오 드 수사나 공원

담백한 이탈리안 화덕 피자 전문점

크러스트 CRUST

주소 356 Marine Corps Drive, Trinchera Place, East Hagåtña **위치** 알루팡 비치 클럽에서 사우스 마린 코프스 드라이브(South Marine Corps Drive)를 따라 남쪽으로 자동차 1분 또는 도보 16분 후 좌측 **시간** 11:00~14:00(런치), 17:00~22:00(디너) **휴무** 매주 목요일 **가격** $25~(피자), $15~(샐러드) **홈페이지** crustpizzeriaguam.com **전화** 671-647-8008

괌 인기 스테이크 전문점 론 스타에서 새롭게 론칭한 이탈리안 피자집이다. 미국 피자의 특징인 두꺼운 치즈 토핑과 다양한 재료들이 부담스러운 여행자라면 깔끔한 토핑과 기름기를 쏙 뺀 이 집의 이탈리아식 피자를 추천한다. 피자나 파스타에 들어가는 대부분의 재료를 이탈리아에서 직접 공수하고 야채는 직접 재배한 것만 사용한다. 맛도 괜찮고 깔끔하고 세련된 디자인과 소품 하나 하나에 신경을 쓴 내부 인테리어가 인상적이다. 테이크 아웃도 가능하고 오후 4시부터 6시까지는 해피 아워 행사로 모든 피자가 50% 할인이니 부담 없이 즐겨 보자.

유기농 커피를 저렴한 가격에 판매하는 카페

커피 슬럿 Coffee Slut

주소 377 Unit 101 East Marine Corp Drive, Hagåtña **위치** 알루팡 비치 클럽에서 사우스 마린 코프스 드라이브(South Marine Corps Drive)를 따라 남쪽으로 자동차 1분 또는 도보 15분 후 우측 **시간** 07:00~20:00(월~목), 07:00~24:00(금~토), 08:00~18:00(일) **가격** $2~(커피류), $2~(디저트류) **홈페이지** www.coffeeslut.co **전화** 671-683-2016

괌에서 직접 기르고 수확한 유기농 원두를 사용하는 카페. 원두를 받아 커피를 판매하는 대부분의 카페와는 달리 커피나무를 키우고 수확하는 농가에서 직접 운영하고 있다. 크지 않은 규모지만 아기자기한 소품과 편안하고 힙한 분위기의 실내 공간에서 합리적인 가격으로 신선하고 향긋한 괌 커피를 즐길 수 있다. 커피 외에도 가성비 좋은 디저트류와 커피 원두도 판매하고 있다.

멋진 오션 뷰를 자랑하는 하갓냐 대표 카페

투레 카페 tuRe' café

주소 349 Marine Corps Drive, Hagåtña **위치** 알루팡 비치 클럽에서 사우스 마린 코프스 드라이브(South Marine Corps Drive)를 따라 남쪽으로 자동차 1분 또는 도보 16분 후 우측 **시간** 07:00~19:00(월~금), 07:00~15:00(토, 일) **가격** $4.99(아메리카노), $4.75(베이글), $11.99~(런치 식사류) **홈페이지** www.turecafe.com/gu **전화** 671-479-8873

붉은 기와를 올린 흰색 2층 건물로 지어진 카페. 바다 풍경을 바라보며 느긋한 휴식 시간을 즐길 수 있는 곳으로 연인과 함께 방문하는 여행객은 물론 현지인들에게도 제법 입소문난 곳이다. 카페란 이름이 붙은 만큼 커피가 메인이지만 실력 있는 현지 주방장이 만드는 샌드위치와 햄버거 등 끼니를 해결할 수 있는 메뉴들이 많아서 브런치 가게로도 꽤 알려져 있다. 위치나 시설에 비해 커피나 디저트의 가격대도 높은 편은 아니기 때문에 여유롭게 바다를 감상하고 싶은 여행자에게 추천한다.

현지인들이 즐겨 찾는 카페 겸 바

린다스 디너 Linda's Diner

주소 331 Marine Corps Drive, Hagåtña **위치** 알루팡 비치 클럽에서 사우스 마린 코프스 드라이브(South Marine Corps Drive)를 따라 남쪽으로 자동차 1분 또는 도보 17분 후 우측 **시간** 06:00~14:00(조식, 런치), 18:00~다음 날 02:00(월~목 디너), 18:00~다음 날 04:00(금~토 디너) **가격** $2.00~(커피), $9.50~(햄버거), $9.00~(오믈렛) **전화** 671-472-6117

1955년 처음 문을 열었으며 현지인들이 즐겨 찾는 식당 & 바이다. 미국 영화에서 자주 보이는 주방을 마주 보는 형식의 바 테이블과 고정 테이블이 미국적인 인상을 더한다. 여행자들이 자주 찾을 만한 분위기의 카페는 아니지만 현지인들이 가는 곳이 어떤지 궁금하다면 한 번쯤 가 볼 만하다. 양도 푸짐한 편이라 배불리 먹을 수 있지만 맛은 전체적으로 높은 점수를 주긴 힘들다. 이른 시간부터 새벽까지 운영하기 때문에 아침 일찍부터 남부 해안으로 이동하는 스케줄이나 저녁 늦게 숙소로 들어오는 여행자들이 간단히 허기를 해결하기 좋은 곳이다.

현지 TV에 출연한 유명한 차모로 주방장이 운영하는 식당

메스클라 비스트로 meskla Bistro

주소 130 Marine Corps Drive, Hagåtña **위치** 차모로 빌리지에서 대로를 마주 보고 좌측으로 도보 3분 **시간** 11:00~14:00(런치, 월~금), 10:30~14:00(브런치 & 런치, 일) / 17:00~21:00(디너, 월~토) **가격** $11.59~(메인), $11.95~(버거) **홈페이지** mesklaguam.com **전화** 671-479-2652~3

스페인어에서 유래한 '섞이다'라는 뜻의 '메스클라 Meskla'는 이름 그대로 차모로 전통 음식을 세계적인 음식 레시피와 함께 섞은 차모로 퓨전 레스토랑이다. 로컬 TV 시리즈인 〈아웃도어 셰프〉에 출연해 전통 차모로 음식을 현대적 방식으로 구현해서 많은 인기를 끌고 있다. 폭립, 스테이크, 치킨 바비큐 등의 육류 메뉴뿐만 아니라 새우나 해산물 요리도 호평을 얻고 있는 곳으로, 일요일에는 다른 요일과는 다르게 오후 2시까지 뷔페 형식으로 푸짐하게 즐길 수 있는 브런치 특선을 제공하고 있으며, 어린이 전용 메뉴와 다이어트 중인 고객을 위한 메뉴까지 다양하게 준비돼 있으니 상황에 맞게 골라 보자.

하와이식 해산물 요리를 선보이는 식당

크랩 대디 Crab Daddy

주소 117 E Marine Corps Drive, Hagåtña **위치** 차모로 빌리지에서 대로를 마주 보고 왼쪽으로 도보 3분 **시간** 11:00~15:00(월~목 런치), 17:30~21:00(월~목 디너), 11:00~21:00(금~일) **가격** $15~(시푸드, 1인) **홈페이지** www.crabdaddyguam.com **전화** 671-477-2722

봉지에 해산물과 양념을 넣고 흔들어 테이블에 쏟아내 먹는 시푸드 보일Seafood boil을 맛볼 수 있는 식당이다. 하와이에서는 꽤 인기가 좋은 해산물 요리로 매일 시세가 정해지는 던전크랩, 킹크랩, 랍스터, 스노크랩 등 4종의 갑각류를 메인으로 하며, 문어, 새우 등 6가지 해산물을 1LB(파운드, 1파운드=454g) 단위로 주문할 수 있다. 재료 선택이 끝나면 4가지 소스 중 한 가지를 선택할 수 있는데 케이준Cajun과 갈릭Garlic이 인기. 매운맛의 강도 조절과 콘, 붉은 감자, 소시지 등의 추가도 가능하다. 크랩 요리 특성상 수율에 따라 만족도는 달라질 수 있겠으나 맛은 훌륭하다. 한국인 두 형제가 운영하며, 해산물 세트 메뉴($59.95~)와 튀김류, 키즈 메뉴도 준비되어 있다.

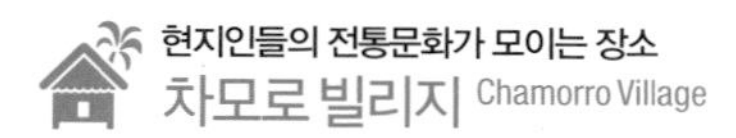

현지인들의 전통문화가 모이는 장소

차모로 빌리지 Chamorro Village

주소 153 Marine Corps Drive, Hagåtña **위치** 투몬에서 사우스 마린 코프스 드라이브(South Marine Corps Drive)를 따라 남쪽으로 자동차 15분 **시간** 10:00~18:00 **휴무** 매주 일요일 **요금** 상점에 따라 다름 **홈페이지** www.facebook.com/chamorrovillageguam **전화** 671-475-0376

차모로 원주민들이 모이는 공간으로, 수요일 밤이면 괌에서 가장 많은 사람이 몰리는 야시장이 열린다. 평상시에는 원주민들의 행사나 공연 장소로 많이 사용되어, 운이 좋다면 전통 공연을 무료로 볼 수 있다. 개방된 건물들이 모여 있는 마을 형태인 이곳은 평상시에는 간단한 테이크아웃 스테이크나 햄버거 등을 파는 음식점들과 차모로 전통 공예품과 기념품을 파는 상점들이 열려 있다. 차모로 빌리지 주변으로 괌 박물관 Guam Museum과 하갓냐 대성당, 스페인 광장이 있으니 참고해 일정을 계획하고, 수요일 저녁 야시장 방문을 계획한다면 다양한 먹거리가 준비되어 있으니 미리 배를 비워 두고 방문하자.

 차모로 빌리지 야시장 Chamorro Village Night Market

수요일 밤이면 하갓냐 시내 전체에 퍼지는 맛있는 바비큐 냄새를 모르고 지나갈 수 없는 괌 최대의 야시장. 평상시 조용했던 차모로 빌리지의 풍경과는 다르게 마을 전체를 밝히는 조명과 줄지어 선 간이 매대 주변으로 발 디딜 틈 없이 꽉 찬 사람들이 인상적이다. 수요일 밤이면 차모로 원주민들을 포함한 현지인들이 여행자들과 현지인들을 위한 기념품이나 공예품을 팔고, 빌리지 외곽에 늘어서 있는 개방형 건물에는 괌에서 내로라하는 바비큐 전문점들이 손님들을 위해 바비큐와 음식들을 만들고 있다. 이곳에서 파는 물건이나 음식들이 괌 평균 물가보다 싼 가격에 형성돼 있기 때문에 상대적으로 부담 없이 구매해도 좋다. 이 외에도 차모로 전통 공연이나 아이들을 위한 간이 기차, 물소 타기 체험 등 작지만 다양한 액티비티도 있으니 천천히 둘러보면서 쇼핑과 식사를 즐겨 보자.

주소 153 Marine Corps Drive, Hagåtña 위치 투몬에서 사우스 마린 코프스 드라이브(South Marine Corps Drive)를 따라 남쪽으로 자동차 15분 시간 17:30~21:30 가격 상점마다 다름 홈페이지 www.shopchamorrovillage.com 전화 671-475-0376

Tip. 차모로 빌리지 야시장을 확실하게 즐기기 위한 팁

1. 간이 매대에서 파는 음식이나 물건들은 대부분 카드 결제가 안 되기 때문에 현금이 부족하다면 차모로 빌리지 초입 부분에 위치한 이동식 ATM 기계를 이용하자.
2. 수요일 오후 5시 30분부터 시작하는 차모로 야시장은 이미 시작하기 30분 전부터 주차 구역 잡기 전쟁으로 북새통을 이룬다. 바다 쪽에 위치한 파세오 공원이나 근처 주차장에 미리 주차를 하고 걸어오는 것이 주차난을 피할 수 있는 방법이다. 자리가 없다고 도로 갓길에 주차를 한다면 수시로 돌아다니는 견인차에 견인되는 불상사가 일어날 수 있으니 조금 불편하더라도 안전한 곳에 주차하자.
3. 앉을 자리가 마땅치 않은 차모로 야시장에서 음식을 먹는다면 차모로 빌리지 중앙 홀(2층짜리 개방형 건물)에 식사를 위한 테이블이 있으니 빠르게 선점해 보자. 이곳에서는 음악과 함께 방문객들이 춤을 추는 분위기여서 편안하고 즐거운 식사를 즐길 수 있다.

아수 스모크하우스 Asu Smokehouse

매년 7월이면 열리는 괌 최대의 바비큐 행사인 괌 바비큐 블록 파티Guam BBQ Block Party에서 꾸준히 챔피언 자리를 유지하고 있는 이 집은 16시간에 걸친 훈제를 통해 구운 바비큐로 한 번 맛본 사람에게 강렬한 맛의 즐거움을 일깨워 주는, 이미 바비큐 애호가들 사이에서 인기 만점인 곳. 당일 정육 시장에서 나오는 고기의 질과 양 그리고 훈제 전용 나무의 상태에 따라 메뉴가 달라지는 장인 정신을 모토로 하고 있어 꾸준히 괌 맛집 순위에 들고 있다. 이곳의 대표 메뉴는 바로 양지머리 훈제 구이Beef Brisket. 이 외에도 속살이 부드러운 돼지고기 뱃살Pork belly, 닭고기Chicken도 추천한다. 모든 메뉴에는 레드 라이스와 특제 소스가 함께 나오고 두 가지 고기를 맛볼 수 있는 콤보 메뉴도 준비되어 있다.

주소 Chamorro Garden Apartments, Sgt. Roy T. Damian Jr. St, Hagåtña 위치 차모로 빌리지 내 중앙 홀 부속 건물 시간 11:00~14:00(화~토), 17:00~21:00(수) 휴무 매주 일, 월요일 가격 $12~(1인) 홈페이지 www.facebook.com/asuSmokehouseGuam 전화 671-979-1278

쿠시난 아리 KUSINAN ARI

차모로 빌리지 메인 건물 바로 옆에 위치한 바비큐 전문점이다. 차모로 빌리지 야시장이 열리는 매주 수요일 저녁에는 긴 대기 줄이 생길 정도로 인기가 좋은 식당으로, 소고기를 비롯해 닭, 돼지고기, 생선 등 다양한 바비큐와 차모로 전통 음식인 켈라구엔, 레드 라이스 등 18여 종의 사이드 메뉴가 준비돼 있다. 이 식당의 특징은 내가 원하는 요리를 선택해 도시락 포장이 가능하다는 것. 밥이 기본으로 포함되고 최소 1종에서 최대 3종까지 선택할 수 있다. 유명 바비큐 전문점과 맛으로 비교하자면 평이한 수준이지만 현지인들이 즐겨 먹는 다양한 메뉴를 맛볼 수 있으니, 현지 음식을 좋아하는 여행자라면 도전해 보자.

주소 Chamorro Garden Apartments, Sgt. Roy T. Damian Jr. St, Hagåtña 위치 차모로 빌리지 내 중앙 부근 시간 11:00~14:00(월~토), 17:00~21:00(수) 휴무 매주 일요일 가격 $6~(1인) 전화 671-472-1604

차모로 빌리지 바로 앞에 위치한 조용하고 경치 좋은 공원

파세오 드 수사나 공원 Paseo de Susana Park

주소 153 Marine Corps Drive, Hagåtña **위치** 차모로 빌리지에서 도보 1분 **시간** 24시간 개방 **전화** 671-477-8279

가벼운 마음으로 산책하고 사진 찍기 좋은 공원으로, 미니어처 자유의 여신상이 태평양을 바라보고 서 있는 것이 유명한 곳이다. 바다를 메워 만든 공원이기 때문에 잔디밭과 산책로가 잘 정비돼 있고 바다를 끼고 한 바퀴 둘러보는 데 30분도 안 걸리는 작은 규모다. 바로 옆에 파세오 스타디움 야구장이 있어 야구 경기가 있을 때는 현지인들이 북적거리지만 일반적으로 찾는 사람이 드문 공원이다. 일부러 찾아가기보단 수요일 저녁 차모로 빌리지에서 열리는 차모로 야시장을 둘러보고 겸사겸사 한번 들러 보길 추천한다.

하갓냐 항구에서 매일 갓 잡은 신선한 생선을 먹을 수 있는 곳

피셔맨즈 코옵 FISHERMEN'S CO-OP

주소 153 Marine Corps Drive, Hagåtña **위치** 차모로 빌리지와 하갓냐 항구 사이 **시간** 10:00~19:00 **가격** $5~(회) *매일 달라짐 **전화** 671-472-6323

괌에서 잡힌 싱싱한 생선들이 모이는 곳으로, 구이와 튀김 천지인 괌에서 신선한 회를 직접 골라 먹을 수 있는 수산물 판매점이다. 하갓냐 항구 바로 옆에 붙어 있는 조그마한 컨테이너로 운영되어 내부나 외부는 허름하지만 이곳에서는 얼리지 않고 갓 잡은 생선과 괌 주변 바다에서 난 해산물을 신선한 상태에서 즐길 수 있다는 점이 가장 큰 장점. 냉장고 한쪽에는 연어와 참치 등 손질된 생선회 도시락이 있고, 직접 매대에서 생선을 골라 회로 만들어 달라고 하면 손질까지 해 준다. 더운 나라이기 때문에 포장할 때는 얼음을 함께 넣는 것이 필수. 차모로식 간장은 구할 수 있으나 초장은 팔지 않으니 이곳에 방문할 예정이라면 한국에서 미리 초장 등을 사 오는 것을 추천한다. 조리해 판매하는 차모로 전통 음식인 켈라군Kelaguen, 하와이 전통 음식인 포키Poki도 도전해 보자.

괌 현지인들이 추천하는 수제 버거 전문점

스택스 Stax

주소 110 W Soledad Ave, Hagåtña **위치** 차모로 빌리지 맞은편 도보 2분 **시간** 11:00~14:00(런치), 17:00~21:00(디너) **휴무** 일요일 **가격** $7~(햄버거) **홈페이지** www.facebook.com/StaxGuam **전화** 671-969-7829

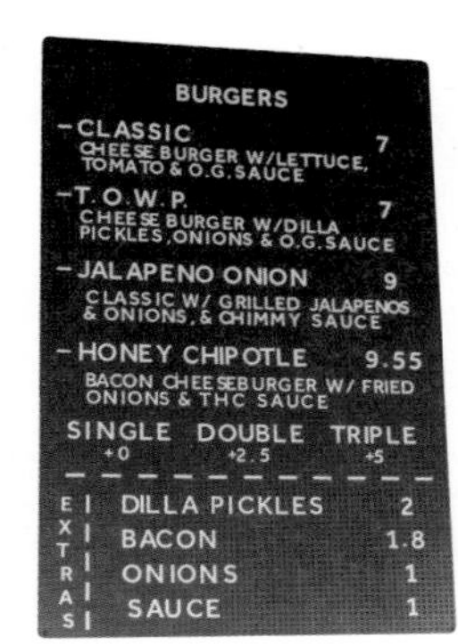

같은 회사를 다니던 청년 2명이 푸드 트럭으로 시작해 지금은 괌 인기 수제 버거로 자리 잡은 가게다. 척아이롤과 등심을 혼합 사용해 육즙이 풍부하고 식감 또한 질기지 않아 맛있고, 가격대 또한 매우 합리적이라 현지인들에게 인기다. 4가지 메인 버거 중 하나를 선택하고 사이즈와 토핑을 추가하면 나만의 수제 버거가 완성된다. 물론 메인 버거만 주문해도 된다. 패티+토마토+치즈+소스 결합인 순수 햄버거를 추구하는 가게인 만큼 클래식 버거를 추천하다. 식사 시간대에는 대기 줄이 생길 정도로 제법 인기라는 점을 참고하여 방문 일정을 계획하자.

미군이 즐겨 찾는 바 & 레스토랑

모사스 조인트 Mosa's Joint

주소 324 W Soledad Ave, Hagåtña **위치** 차모로 빌리지 맞은편 도보 2분 **시간** 11:00~15:00(런치), 17:00~22:00(디너) **휴무** 일요일 **가격** $12.95~(햄버거), $12~(식사류) **홈페이지** www.mosasjointguam.com **전화** 671-969-2469

30년지기 친구가 함께 힘을 모아 오픈한 식당이다. 모사스 핫박스Mosa's Hotbox란 상호명을 가진 푸드 트럭으로 시작해 TV에서 소개될 정도로 인지도를 쌓은 후 이곳 하갓냐에 정착했다. 괌에서 열리는 버거 페스티벌에서 2년 연속 챔피언으로 선정되어 더욱 유명해진 곳으로 인기 메뉴인 수제 버거 외에도 간단한 식사류와 안주류 등 50여 가지 메뉴를 판매한다. 추천 메뉴는 2013년 버거 페스티벌에서 수상한 양고기 패티를 넣은 램버거LAMB Burger. 쇠고기 패티가 익숙한 이들에게 다소 생소할 수 있지만 부드럽고 양고기 특유의 향과 맛이 매력적이다. 버거 주문 시 샐러드나 감자 또는 고구마튀김 중 1종을 선택할 수 있고, 치즈버거와 맥 & 치즈 등 키즈 메뉴도 준비되어 있다.

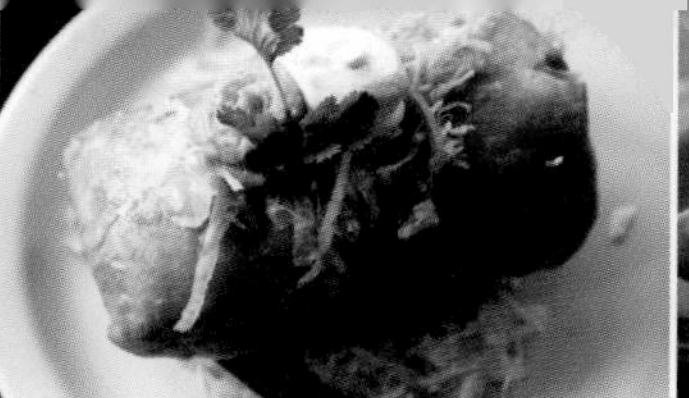

현지인들이 열광하는 괌 최고의 멕시코 음식 전문점
칼리엔테 Caliente

주소 135 Archbishop FC Flores St, Hagåtña **위치** 차모로 빌리지에서 뱅크 오브 하와이(Bank of Hawaii) 우측 골목으로 들어가 도보 1분 후 우측 **시간** 11:00~21:00 **휴무** 매주 일요일 **가격** $10~(1인) **전화** 671-477-4681

한국에는 잘 알려지지 않았지만 현지인들과 외국 여행자들 사이에서는 줄 서서라도 꼭 먹는 멕시코 음식 전문점이다. 한국에서 경험할 수 없는 풍부한 맛과 양으로 점심과 저녁 시간에 웨이팅은 기본이다. 매일 새벽 직접 만드는 살사는 스파이시와 마일드로 나누어지는데, 바삭한 나초에 찍어 먹는 맛이 일품이다. 가격도 양에 비하면 한국보다 더 저렴한 편이고 부리토 전체를 튀긴 치미창가와 멕시코 피자, 파히타 등 뭘 시켜도 후회하지 않을 맛이다. 간단한 소다부터 주류까지 다양한 음료를 자랑하지만 주인 아주머니가 직접 만들어주는 마가리타(무알콜 제조 가능)는 강력하게 추천한다. 바쁘지 않을 땐 멕시코 남자와 결혼한 한국인 사장님의 메뉴 추천도 받을 수 있으니 쑥스러워 말고 꼭 추천받아 보자.

푸짐한 샌드위치가 먹고 싶다면
서브마리나 submarina

주소 138 W Seaton Blvd, Hagåtña **위치** 차모로 빌리지에서 마린 코프스 드라이브(Marine Corps Drive)를 건넌 후 스키너 플라자(Skinner Plaza), 괌 박물관 방면 좌측 정면 도보 2분 **시간** 10:30~21:00 **가격** $5.79~(샌드위치) **홈페이지** www.submarina.com **전화** 671-478-7827

우리나라의 서브웨이와 비슷한 미국 샌드위치 전문 체인점이다. 여행자들이 찾아가서 먹기에는 조금 아쉽지만 신선한 야채와 고기가 들어간 두툼한 샌드위치가 생각난다면 이곳으로 가 보자. 서브웨이와 마찬가지로 빵의 종류와 길이, 굽기 유무부터 그 안에 들어가는 다양한 토핑을 고를 수 있어 한국 여행자들도 주문하는 것이 어렵지 않다. 간단하게 먹기 좋아 남부나 북부 해변에서 해수욕을 할 예정이라면 이곳에서 간단히 샌드위치를 사서 들고 가는 것을 추천한다.

차모로 원주민의 역사와 괌의 역사를 한 번에 알 수 있는 곳

괌 박물관 Guam Museum

주소 193 Chalan Santo Papa Juan Pablo Dos, Hagåtña **위치** 차모로 빌리지 맞은편 도보 3분 **시간** 10:00~14:00(화~금, 코로나19 단축 운영 중, 홈페이지 사진 예약 필수) **휴무** 매주 토~월요일 **요금** $3(성인), $1(학생), 5세 미만 무료(코로나19 단축 운영 기간 입장료) **홈페이지** www.guammuseumfoundation.org **전화** 671-727-2935

차모로 고유의 전통과 역사를 보존하자는 취지로 1926년 괌 교사 연합회Guam Teacher Association의 주도로 설립된 박물관이다. 하지만 제2차 세계 대전의 발발로 인한 일본군 점령 시기에 많은 유물이 약탈당하고 폭격으로 인해 파괴됐고, 이후 2006년까지 태풍에 훼손되거나 운영위원회가 바뀌는 등의 과정을 겪었다. 괌 시민들의 지지와 주지사의 승인으로 2006년 괌 박물관 재단이 설립됐고, 2016년에 지금의 현대적이고 완성도 높은 아름다운 박물관이 됐다. 현재 박물관은 약 250,000점이 넘는 유물들과 기록들 그리고 사진들을 품고 있는 괌의 대표적인 박물관으로 자리 잡았다. 현재는 아름다운 외관 덕분에 인생 사진을 찍으려는 여행자들이 주변에 심심찮게 보인다. 괌의 역사에 관심 있는 여행자나 아이들을 동반한 가족 여행자라면 들러 볼 만하다.

Tip. 괌의 역사

괌 원주민인 차모로족이 살기 시작한 건 기원전 2000년경부터로 추정된다. 1521년 세계를 항해 중이던 마젤란이 입도하면서 괌의 존재가 알려졌고 그 후 300년 이상 스페인 영토였다가 1898년 미국-스페인 전쟁에서 미국이 승리하면서 미국령이 되었다. 이후 태평양 전쟁 개전 직후 일본에 점령되었다가 1944년에 미국에 반환되었다. 현재는 약 17만 인구 중 약 37%가 차모로인, 33%가 아시아계이며, 그들만의 독특한 문화와 역사를 보존하기 위해 괌 박물관을 개관 및 운영하고 있다.

미국령 시기에 세워진 최초의 가톨릭 성당

하갓냐 대성당 Dulce Nombre De Maria Cathedral Basilica

주소 207 Archbishop FC Flores St, Hagåtña **위치** 차모로 빌리지에서 마린 코프스 드라이브(Marine Corps Drive)를 건넌 후 보이는 맞은편 괌 박물관 뒤 도보 8분 **시간** 8:00~12:00, 13:00~16:00 **휴무** 매주 목요일, 토요일 **요금** 무료 **전화** 671-472-6201

북마리아나 제도의 교회를 총괄하는 가톨릭 본당으로, 1699년 파드레 산 비토레스의 지휘로 지어진 괌 최대의 성당이다. 스페인 통치하에 지어졌지만 미국 최초의 가톨릭 성당이라는 점에서도 의미가 깊다. 처음 지어진 이후에 스페인 점령에 반발한 차모로 원주민들의 거센 반발로 파괴와 재건을 반복하다가 서서히 마을 행사나 마을 내 커뮤니티 거점 장소가 됐다. 제2차 세계 대전 때 주변 건물들도 마찬가지로 폭격에 파괴됐고, 지금의 성당은 1959년에 재건된 건물이다. 성당 안에는 바다에서 떠내려온 뒤 괌의 수호신으로 여겨진다는 마리아상이 안치돼 있다.

지금은 흔적만 남은 하갓냐 최대의 요충지
스페인 광장 Plaza de España

주소 Saylor St, Hagåtña **위치** 차모로 빌리지에서 마린 코프스 드라이브(Marine Corps Drive)를 건넌 후 괌 박물관 뒤 **시간** 24시간 개방 **요금** 무료

스페인 점령 시절 괌의 수도 역할을 했던 하갓냐. 이 지역에서도 당시 스페인 주지사가 살았던 궁전이 있던 이곳 스페인 광장은 하갓냐에서도 가장 요충지로 꼽혔다. 제2차 세계 대전 당시 철저히 파괴됐던 이곳은 이제 과거의 흔적만 찾을 수 있는 곳이 됐다. 이곳은 과거 스페인-미국 간의 전쟁 중에서도 미 해군의 베이스캠프로 야구장과 배드민턴장 등 주요 거점으로 사용됐던 전력도 있다. 이후 1974년 국가 사적지로 지정됐고, 지금도 이 광장의 상징성은 괌 시민들에게 그대로 남아 괌 주지사의 취임식 장소 등 다양한 지역 활동의 거점이 되고 있다. 하지만 전쟁으로 인한 파괴와 재건 역사로 인해 여행자들에게 끌릴 만한 특별한 건물은 없으니 식사 후 간단한 산책 겸 둘러보는 것을 추천한다.

차모로족의 주거 양식을 알 수 있는 곳
라테 스톤 공원 Latte Stone Park

주소 W O'Brien Drive, Hagåtña **위치** 차모로 빌리지에서 하갓냐 항구 방향으로 마린 코프스 드라이브(Marine Corps Drive)를 따라 걷다가 맞은편 아스피널 애비뉴(Aspinall Ave)를 따라 도보 7분 후 삼거리에서 좌회전 후 도보 2분 **시간** 24시간 개방 *저녁에는 인적이 드무니 방문 삼가 **요금** 무료

1.5m에서 2m 정도 되는 돌 구조물로 과거 차모로족들의 거주 양식을 볼 수 있는 유적지다. 라테 스톤은 1956년 괌 남부 페나 저수지 근처에서 발견되었는데, 그곳을 미군 군사 지역으로 사용하기 위해 유적을 하갓냐 중심부로 옮겨 놓았다. 당시 라테 스톤 밑에는 과거 원주민들의 뼈나 생활 도구가 발견되기도 했다. 현재는 주민들이 이용하는 공원으로 누구에게나 개방돼 있다. 라테 스톤 공원Latte Stone Park 혹은 세너터 엔젤 산토스 라테 공원Senator Angel Santos Latte Park으로 불린다. 그냥 지나치기 쉬운 곳이니 방문하려면 구글 지도 내비게이션을 이용하는 것을 추천한다.

하갓냐 시내에서 가장 괜찮은 대형 쇼핑센터

아가냐 쇼핑센터 Agana Shopping Center

주소 302 South Route 4 O'Brien Drive 4, Hagåtña **위치** 투몬에서 사우스 마린 코프스 드라이브(South Marine Corps Drive)를 따라 하갓냐 방면으로 가다가(자동차 10분) 차모로 빌리지 바로 전 4번 도로로 좌회전 후 자동차 3분 후 좌측 **시간** 10:00~20:00(월~토), 10:00~18:00(일) **가격** 상점마다 다름 **홈페이지** aganacenter.com **전화** 671-472-5027

몰이 모여 있는 투몬 지역과는 달리, 상대적으로 쇼핑할 곳이 많지 않은 하갓냐 지역에서 그나마 괜찮은 쇼핑을 할 수 있는 쇼핑센터다. 규모 자체는 크지 않지만 20여 개의 매장이 운영되고 있는 곳으로 괌 필수 방문 스폿으로도 꼽히는 창고형 할인몰 로스ROSS, 국내 대비 가격이 저렴한 비타민 종합몰 비타민월드Vitamin World, 아이들이 매우 좋아하는 스카이존Skyzone도 있다. 또 하나의 이곳의 장점은 투몬 지역에서 유명한 음식점들의 체인점이 있다는 것이다. 가성비 좋기로 유명한 셜리스 커피숍과 한국인 여행자들에게 유명한 카프리초사는 상대적으로 매장이 넓어 여유롭게 식사할 수 있다.

로스 ROSS

매주 들어오는 각종 브랜드를 평균 20~60%, 최고 80%까지 저렴한 가격에 판매하는 창고형 몰이다. 잘만 찾으면 백화점에서 판매하는 제품을 말도 안 되는 가격에 구매할 수 있다. 쇼핑은 최소 1시간 이상은 투자를 해야 하며, 매일 밤 물건 진열을 하니 득템을 원한다면 오전에 방문하면 좋다.

셜리스 커피숍 Shirley's Coffee Shop

저렴한 가격과 괜찮은 맛 그리고 양까지 3박자를 고루 갖춘 괌 맛집 셜리스 커피숍. 커피숍이라고 해서 우리나라의 카페를 생각할 수 있지만 이곳은 스테이크부터 해산물, 볶음밥 등 다양한 메뉴를 취급하고 있는 레스토랑이다. 투몬 지점이 인기가 많고 리가로얄 라구나 괌 리조트 쪽에도 있지만, 가장 최근에 생긴 이곳 아가냐 쇼핑센터 지점이 쾌적한 환경을 자랑하기 때문에 편하게 먹기에 더 좋다.

차타임 Chatime

우리에게는 버블티로 유명한 대만식 밀크티를 판매하는 체인점이다. 2005년 대만에서 시작해 25개국 1,000여개 매장을 보유한 체인으로 대만에서도 꽤 인지도가 높다. 국내 버블티와 비교하면 가격대는 비싸지만 맛은 차타임이 더욱 좋다. 버블티 외에도 커피, 스무디 등 다양한 음료를 판매한다.

비타민월드 Vitamin World

의약품이 잘 발달돼 있는 미국에서 가장 다양한 의약품을 경제적으로 만날 수 있는 최적의 장소다. 종합 비타민제부터 항산화제, 변비약, 수면 유도제까지 다양한 종류의 보조 식품 및 영양제들이 가득하다. 홈페이지 회원 가입 시 할인 혜택을 받을 수 있으니 방문 전에 홈페이지(www.vitaminworld.com)를 확인하자

카프리초사 Capricciosa

이탈리아 파스타 전문점 카프리초사. 해물 스파게티(토마토소스, 참치, 홍합, 오징어)와 카르보나라(크림소스, 베이컨, 계란)를 메인으로 피자와 수프 등 우리나라 여행자들에게도 익숙한 메뉴로 구성돼 있다. 양이 많기 때문에 2명이 왔다면 사실 파스타 한 종류만 시켜도 충분히 배가 부를 만하다. 포장도 가능하니 메뉴 두 개를 시켜서 남은 것은 포장해가는것을 추천한다.

판다 익스프레스 Panda Express

카지노, 쇼핑몰, 슈퍼마켓 등 다중 이용 시설에서는 쉽게 볼 수 있을 정도로 유명한 체인점이다. 이곳의 가장 큰 매력은 가성비. 탕수육, 칠리새우, 오렌지 치킨 등 중국 메인 요리를 저렴한 가격에 즐길 수 있다. 성인 기준 3종류 요리를 선택할 수 있는 플레이트Plate 사이즈면 충분하다. 가족 단위라면 패밀리 사이즈를 추천한다.

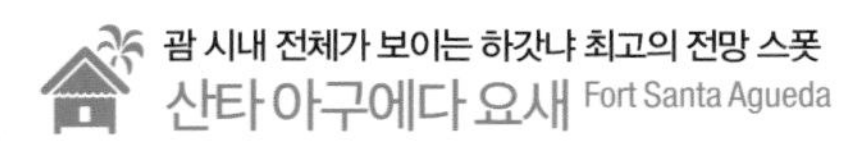

괌 시내 전체가 보이는 하갓냐 최고의 전망 스폿

산타 아구에다 요새 Fort Santa Agueda

주소 Tutuhan, Agana Heights, Fort Ct, Hagåtña **위치** 라테 스톤 공원을 좌측에 끼고 언덕길을 따라 직진(자동차 2분 또는 도보 13분) 후 우회전 **시간** 24시간 개방 **요금** 무료

1671년 스페인 점령 시기에 세워진 요새로, 당시 해적이나 바다로부터 오는 외부 세력의 침입을 방어하기 위해 만들어진 성채다. 지금도 바다를 향해 있는 대포들을 보면 과거의 모습을 잠시나마 떠올릴 수 있다. 1800년에는 스페인 점령에 반발한 차모로족들의 반란으로 스페인 점령군의 군사 거점으로 사용됐던 곳이기도 하다. 탁 트인 전망으로 여행자에게 인기가 많은 곳이지만 언덕길을 올라가는 도중에 땀을 비오듯이 흘리는 불상사가 일어날 수 있기 때문에 자동차를 타고 올라오는 것을 추천한다. 일부 여행자들 사이에서는 하갓냐 최고의 야경 스폿으로 유명세를 타고 있지만, 주변에 조명이 하나도 없어 조금 위험할 수 있으니 혼자나 여자 둘이서 가는 것은 추천하지 않는다.

인생 샷을 건지러 가는 괌 인기 포토 존

괌 정부 종합 청사 Gaum Government Complex

주소 Ricardo J. Bordallo Governor's Complex Adelup, Hagåtña **위치** 투몬에서 사우스 마린 코프스 드라이브(South Marine Corps Drive)를 따라 자동차 18분 후 좌측 모빌(Mobil) 주유소가 보이면 우회전 **시간** 08:00~17:00 **휴무** 매주 토요일, 일요일(청사 주변 건물 개방) **요금** 무료 **전화** 671-475-9380

스페인의 건축 양식과 차모로의 건축 양식이 혼합된 독특한 외관이 인상적인 괌 정부 종합 청사 건물이다. 하갓냐 시내에서 남부로 이동하면서 잠시 머무르는 장소로 탁 트인 파란 바다와 흰색 구름이 펼쳐진 하늘을 배경으로 멋진 사진을 찍을 수 있다. 이곳에서 신혼여행 온 커플이 셀프 웨딩 촬영을 하기도 한다. 청사 건물과 주변 구조물이 독특하고 예쁜 것들이 있어 한 바퀴 둘러보면서 사진을 남기는 것을 추천한다.

자유의 라테 Latte of Freedom

차모로족의 전통 가옥 양식인 라테 스톤을 본 떠 만든 전망대로, 현존하는 라테 스톤 중 가장 큰 라테 스톤이라고 할 수 있다. 자유를 좋아하는 나라, 미국답게 이곳의 이름은 '자유의 라테'. 하갓냐만과 투몬만이 보이는 전망으로, 괌 정부 종합 청사 건물에 왔다면 한 번쯤 들러 볼 만한 곳이다. 엘리베이터도 있으니 더위가 싫은 사람들은 엘리베이터를 이용하자. 전망대 옆 건물에는 작은 박물관도 있으니 더위를 식힐 겸 구경하고 가도 좋다.

주소 Ricardo J. Bordallo Governor's Complex Adelup, Hagåtña 위치 괌 정부 종합 청사로 들어가 언덕을 따라 도보 5분 시간 09:00~15:00(월~금), 09:00~12:00(주말 및 공휴일) 요금 $3, 만 6세 이하 무료

태평양 전쟁의 참혹함을 알 수 있는 곳

태평양 전쟁 박물관 Pacific War Museum

주소 6 Hagåtña 위치 사우스 마린 코프스 드라이브(South Marine Corps Drive)를 따라가다 괌 정부 종합 청사가 오른쪽에 보이면 모빌(Mobil) 주유소를 좌측에 끼고 좌회전 후 자동차 1분 뒤 우측 시간 9:00~16:30 요금 $3(어른), $2(아이) *기부금 형식이기 때문에 특별한 나이 규정은 없음 전화 671-477-8355

제2차 세계 대전 당시 일본과 미국 사이에 있는 주요 거점 지역이었던 괌은 1944년 가장 치열했던 전투를 겪었던 섬이다. 태평양 전쟁을 기록한 박물관인 이곳은 당시 치열했던 전투의 현장을 가늠할 수 있는 과거 무기들이나 기록들이 전시돼 있다. 전쟁 당시 사용했던 비행기나 전차를 타 볼 수 있기 때문에 아이들을 동반한 가족 여행자들은 아이들 역사 공부 겸 둘러볼 만하다. 박물관이라는 명칭을 사용하지만 규모는 생각보다 작은 편이다.

남부

South

천혜의 자연과 차모로 문화를 체험할 수 있는 아름다운 지역

괌 여행 정보의 대부분이 투몬 지역에 집중돼 있기 때문에 상대적으로 덜 알려진 괌의 남부 지역. 유명세가 덜한 만큼 개발이 덜 되어 천혜의 자연을 느낄 수 있다. 사람이 붐비지 않는 해변부터 녹음이 우거진 공원은 남부 여행을 시작한 여행자들만이 가질 수 있는 특권이다. 남부 지역은 스페인 항해사 마젤란이 처음 발 디딘 곳이자 과거 스페인 지배의 흔적을 발견할 수 있는 우마탁 마을을 만날 수 있는 곳이다. 이 외에도 야생 자연이 숨쉬는 다양한 트레킹 코스와 에메랄드빛 바다, 풍성한 산호를 자랑하는 코코스섬 등 괌 특유의 자연을 즐길 수 있는 곳이 많으니 3박 이상을 계획하는 여행자라면 하루나 반나절을 투자해서 둘러보도록 하자.

피시 아이 마린 파크
Fish Eye Marine Park

아산 비치 태평양 전쟁 국립 역사 공원
Asan Beach War in the Pacific National Historical Park

아산만 전망대
Asan Bay Overlook

수메이 펍 앤 그릴
Sumay Pub & Grill

자이 퓨전 레스토랑
Jai Fusion Restaurant

가안 포인트
Ga'an Point

마리나 그릴
Marina Grill

셀라만 전망대
Sella Bay Overlook

세티만 전망대
Cetti Bay Overlook

코코스섬
Cocos Island

우마탁 마을 인근

산 디오니시오 성당
San Dionisio Church

마젤란 기념비
Magellan Monument

우마탁 다리
Umatac Bridge

우마탁 베이
Umatac Bay

우마탁 마을
Umatac Village

솔레다드 요새
Fort Nuestra Senora de la Soledad

메리조 마을 인근

메리조 시사이드 BnB
Merizo Seaside BnB

비키니 아일랜드 클럽
Bikini Island Club

메리조 선착장
Merizo Pier

메리조 마을
Merizo Village

C 앤 J 햄버거 앤 핫도그
C & J Hamburger & Hotdog

산 디마스 성당
San Dimas Church

메리조 우체국
USPS Merizo Post Office

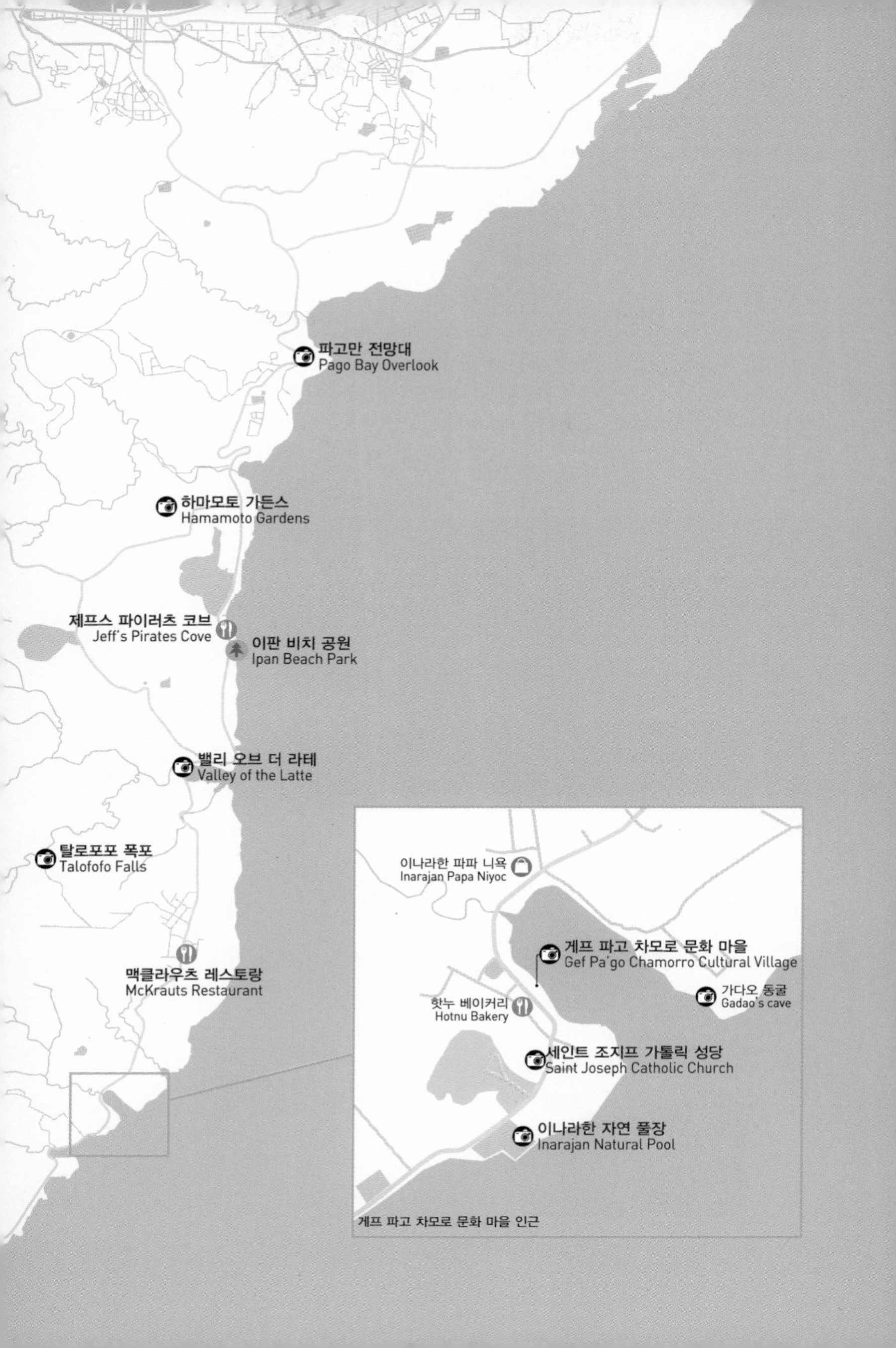

파고만 전망대
Pago Bay Overlook
하마모토 가든스
Hamamoto Gardens
제프스 파이러츠 코브
Jeff's Pirates Cove
이판 비치 공원
Ipan Beach Park
밸리 오브 더 라테
Valley of the Latte
탈로포포 폭포
Talofofo Falls
맥클라우츠 레스토랑
McKrauts Restaurant
이나라한 파파 니욕
Inarajan Papa Niyoc
게프 파고 차모로 문화 마을
Gef Pa'go Chamorro Cultural Village
가다오 동굴
Gadao's cave
핫누 베이커리
Hotnu Bakery
세인트 조지프 가톨릭 성당
Saint Joseph Catholic Church
이나라한 자연 풀장
Inarajan Natural Pool
게프 파고 차모로 문화 마을 인근

교통편 남부 지역을 둘러보려면 버스보다 렌터카 이용이 일반적이다. 남부의 깨끗한 바다와 절경은 드라이브하기에 최적의 장소이고, 물가가 비싼 괌에서 남부 투어비는 적지 않은 금액이기 때문이다. 렌터카 외에도 여행사나 택시 회사가 운영하는 남부 투어 상품(약 4시간 정도 소요)도 있으니 렌털 계획이 없는 여행자들이 이용하면 된다.

렌터카로 이용할 때 참고할 점은, 괌 남부 지역은 대부분 정확한 주소가 구글 지도에 등록되어 있지 않다는 점이다. 이곳을 여행할 때는 주소보다는 지명 이름을 영어로 검색하는 것이 훨씬 효과적이다.

동선 팁 남부 지역 투어 동선은 매우 간단한 편이다. 대부분의 볼 만한 스폿은 해안에 있고 해안 도로를 벗어난 지역 또한 자동차로 20분 이내로 도착할 수 있는 곳이기 때문이다. 특정 스폿은 간단한 트레킹이 필요한 지역도 있으니 걷는 것이 싫은 여행자들은 해안 주변 스폿으로만 방문하는 것이 좋다.

남부 지역 여행을 할 때는 오전에 출발하는 것을 추천한다. 대부분의 맛집과 관광 스폿이 투몬 지역에 있기 때문에 남부 지역은 비교적 한산해서 해 질 녘 남부 지역은 사람이 너무 없어서 조금 으스스하다. 혹시 모를 사고를 예방하기 위해 해가 진 후에 둘러보는 것은 삼가자.

Best Course

연인과 함께하는 렌터카 여행

수메이 펍 앤 그릴(아침 겸 점심)
↓
자동차 15분
세티만 전망대
↓
자동차 7분
우마탁 마을
↓
자동차 9분
메리조 마을
↓
자동차 14분
이나라한 자연 풀장
↓
자동차 16분
제프스 파이러츠 코브

베스트 렌터카 여행

수메이 펍 앤 그릴(아침 겸 점심)
↓
자동차 15분
세티만 전망대
↓
자동차 7분
우마탁 마을
↓
자동차 9분
메리조 마을
↓
자동차 14분
이나라한 자연 풀장
↓
자동차 13분
탈로포포 폭포
↓
자동차 15분
제프스 파이러츠 코브
↓
자동차 8분
파고만 전망대

치열했던 격전지에서 평화로운 해변 공원으로 탈바꿈한 곳

아산 비치 태평양 전쟁 국립 역사 공원

Asan Beach War in the Pacific National Historical Park

주소 War in the Pacific National Historical park, Marine Corps Drive, Piti **위치** ❶ 하갓냐에서 자동차 7분 ❷ 투몬에서 사우스 마린 코프스 드라이브(South Marine Corps Drive, 1번 국도)를 따라 남쪽으로 이동 후 하갓냐를 벗어난 뒤 자동차 2분 후 좌측 ❸ 피시 아이 마린 파크 부근 **시간** 24시간 개방 **요금** 무료 **홈페이지** www.nps.gov/wapa/index.htm **전화** 671-477-7278

지금은 평화로운 공원이지만 괌 역사에서 가장 아픈 기억을 가진 곳이다. 과거의 기록을 살펴보면 1892년 스페인 식민 지배 시절에는 나병 환자를 격리하는 나환자 수용소가 있었고, 1901년에는 미국의 필리핀 지배에 반대하는 필리핀 독립운동가들을 가두는 감옥으로 사용됐다. 이후에는 일본으로부터 괌을 탈환하기 위해 상륙한 미군과의 치열한 전투가 벌어진 장소로 미사일, 대포 등 전쟁의 흔적이 대거 발견된 지역이기도 하다. 현재는 괌 현지인들과 여행자들이 한산한 바다를 즐기기 위해 방문하는 곳으로 탈바꿈했으나 과거 아픈 역사의 기록을 잊지 않겠다는 듯 조성 과정에서 발견된 무기와 미사일 등을 전시해 놓았다. 투몬 비치에 비하면 정리된 느낌은 부족하지만 물이 맑고 파도를 막아 주는 산호 방파제가 있어 아이들과 함께 시간을 보내는 현지인들을 만날 수 있다.

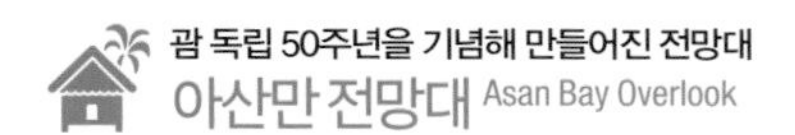

괌 독립 50주년을 기념해 만들어진 전망대

아산만 전망대 Asan Bay Overlook

주소 Asan Bay Overlook, Nimitz Hill Road, 6, Asan **위치** ❶ 하갓냐에서 자동차 10분 ❷ 투몬에서 사우스 마린 코프스 드라이브(South Marine Corps Drive, 1번 국도)를 따라 남쪽으로 이동 후 괌 베테랑 묘지(Guam Veteran Cemetery)가 보이면 좌회전 후 6번 국도를 따라 자동차 4분 ❸ 아산 비치 공원 지나 삼거리에서 좌회전 후 자동차 2분 **시간** 24시간 개방 **요금** 무료 **전화** 671-487-9333

괌 독립 50주년을 기념해 1994년에 니미츠 힐Nimitz Hill 정상에 세워진 전망대다. 전쟁으로 희생된 사람들의 이름이 빼곡히 새겨진 검정 대리석 기념비와 전쟁 당시의 모습을 양각으로 새긴 구조물을 지나면 만날 수 있는 곳으로 탁 트인 시야가 유명하다. 제2차 세계 대전 당시 미군의 상륙 작전으로 치열한 전투가 벌어졌던 아산 비치 공원이 한눈에 보이고 괌 남부 천연의 항이자 괌 최대 상업 항구인 아프라항까지 볼 수 있다. 정면으로는 그림 같은 푸른 바다가 끝없이 펼쳐져 있고, 바다에서 불어오는 시원한 바람까지 더해져 절로 기분이 좋아지는 공간이다. 남부에 있는 전망대 중 만족도가 높고 오전 시간대를 제외하고는 사람이 많지 않아 조용하며, 수평선과 구름, 괌 자연을 즐기기에 제격이다. 전망대인 만큼 뜨거운 햇빛을 피할 수 있는 모자와 자외선 차단제는 꼭 챙기자.

바닷속 수심 9미터에서 편하게 물고기를 감상할 수 있는 곳

피시 아이 마린 파크 Fish Eye Marine Park

주소 818 North, Marine Corps Drive, Piti **위치** ❶ 하갓냐에서 자동차 7분 ❷ 투몬에서 사우스 마린 코프스 드라이브(South Marine Corps Drive, 1번 국도)를 따라 남쪽으로 이동 후 아산 비치 공원을 지나 자동차 1분 후 우측(선택 코스에 따라 픽업 가능) **시간** 8:00~17:00(해중 전망대), 18:00~21:00(디너쇼) *그 외 액티비티는 스케줄에 따라 다름 **요금** $12(해중 전망대: 만 12세 이상), $6(해중 전망대: 만 6~11세), 만 6세 미만 무료 *그 외 옵션 및 코스에 따라 다름(홈페이지 참조) **홈페이지** www.fisheyeguam.com **전화** 671-475-7777

아산 비치 공원 옆 200여 종의 열대어와 100여 종의 산호가 서식하는 피티Piti 해양 보호 구역에 위치한 바닷속 전망대다. 수면 아래 공간에서 창문 밖으로 풍부한 생태계를 볼 수 있는 곳으로, 물을 무서워하는 아이나 물에 젖기 싫은 여행자들에게 알맞다. 해저 약 9미터로 된 타워로 걸어 내려가면 잠수함 내부처럼 생긴 둥근 공간이 나오는데, 이곳의 창문에서 바닷속 생태계를 관찰하는 방식으로 많은 해양 물고기를 볼 수 있다. 운이 좋으면 스노클링으로도 보기 힘든 바다거북도 볼 수 있다. 해중 전망대 외에도 스노클링 장비 대여, 태평양 원주민들의 일상생활을 경험해 보는 체험 프로그램, 크루즈를 타고 돌고래를 관찰할 수 있는 돌핀 크루즈, 차모로족 전통 공연 등 다양한 상품이 준비되어 있다.

• 피시 아이 마린 파크 액티비티

액티비티	요금	내용
에코 스노클링 투어	만 6세~11세 $19 만12세~ $38	전문 가이드가 동행하는 스노클링. 호텔 픽업에서부터 스노클링 장비 대여비 포함. 45분.
돌핀 워칭 크루즈	만 6세~11세 $20 만12세~ $40	괌 섬 근처에 거주하는 야생 돌고래를 만날 수 있는 체험 프로그램. 호텔 픽업에서부터 무료 음료 1잔, 간단한 간식류가 포함되고 있으며 돌고래 위치에 따라 45~60분 보트 운행.
아일랜드 디너쇼	만 6세~11세 $37 만12세~ $74	야외 공연장에서 전통 공연을 보며 해산물과 바비큐를 포함하는 뷔페를 즐길 수 있는 인기 프로그램. 호텔 무료 픽업.
선셋크루즈 with 피시 아이 아일랜드 디너쇼	고급 요트에서 괌의 선셋을 볼 수 있어 신혼부부에게 인기.	

미군 지역 인근에 있는 인기 수제 버거 & 펍

수메이 펍 앤 그릴 SUMAY PUB & GRILL

주소 1518 S. Marine Corps Drive, Santa Rita Piti **위치** ❶ 하갓냐에서 자동차 13분 ❷ 투몬에서 사우스 마린 코프스 드라이브(South Marine Corps Drive, 1번 국도)를 따라 남쪽으로 이동 후 안텐타노강(Antentano River)을 지나자마자 왼쪽 회색 건물 **시간** 11:00~13:30(런치), 17:30~21:00(디너, 월~금), 18:00~21:00(디너, 토) **휴무** 매주 일요일 **가격** $7.50~(버거), $2~(어니언링) **전화** 671-565-2377

현지인들 사이에서는 괌 최고의 버거라는 평을 듣는 곳이다. 여행자들은 출입할 수 없는 미군 주둔지인 네이벌 베이스Navel Base 입구 근처에 있다. 우리나라에서는 보기 힘든 미국적인(?) 구조의 내부가 인상적이며 가운데 커다란 사각형 바와 테이블들로 구성돼 있다. 바로 옆에 미군 기지가 있어 수제 햄버거와 맥주를 즐기려는 미군들로 늘 북적거린다. 마케팅을 거의 하지 않는 가게의 특성상 여행자보다는 현지인과 군인의 비율이 높은 것도 이 집의 특징. 조금 동떨어져 있는 위치와 허름한 건물 외관 때문에 그냥 지나치기 쉬우니 찾아가는 데 주의해야 한다. 대부분의 햄버거가 호평을 받지만 특히 피카(맵다는 뜻) 치즈버거가 매콤한 것을 좋아하는 한국인 입맛에 딱이라는 평이다.

한국 음식이 그리운 여행자들에게 반가운 곳

자이 퓨전 레스토랑 JAI FUSION RESTAURANT

주소 Agat Point Commerical Center, Agat **위치** ❶ 하갓냐에서 자동차 17분 ❷ 투몬에서 사우스 마린 코프스 드라이브(South Marine Corps Drive, 1번 국도)를 따라 남쪽으로 27분가량 이동 후 해군 기지 우회로 루트 2A(Route 2A)를 따라 약 2분간 이동 후 좌측 **시간** 10:30~21:30 **휴무** 매주 토요일 **가격** $10(소고기볶음면), $6~(볶음밥) **홈페이지** www.facebook.com/JaiFusionGuam **전화** 671-565-8136

우리나라 사람들에게도 익숙한 중식, 일식, 한식을 기본으로 다양한 메뉴를 선보이는 퓨전 레스토랑이다. 미국 음식이 입에 맞지 않거나 질린 여행자들에게 추천하는 곳으로, 김치볶음밥이나 두부김치 등 대중적인 메뉴 외에도 면 요리, 밥 요리 등 한국에서도 쉽게 접할 수 있는 중화풍 요리가 주를 이룬다. 인기 메뉴는 소고기볶음 쌀국수와 볶음밥류로 한 끼 든든히 배 채우기 좋고 맛도 좋다는 평이 많다.

미국의 괌 상륙 작전의 무대가 됐던 곳

가안 포인트 Ga'an Point

주소 Gaan Point, 2, Agat **위치** ❶ 하갓냐에서 자동차 20분 ❷ 투몬에서 사우스 마린 코프스 드라이브(South Marine Corps Drive, 1번 국도)를 따라 남쪽으로 27분가량 이동 후 해군 기지 우회로 루트 2A(Route 2A)를 따라 약 4분간 이동 후 우측 **시간** 24시간 개방 **요금** 무료

1944년 7월 21일 미국이 괌을 재탈환하기 위해 상륙 작전을 펼쳤던 곳이다. 치열한 격전의 장소였던 과거를 뒤로하고 평화를 기원하는 의미로 미국, 괌, 일본 국기를 나란히 걸어 놓았다. 이곳의 과거를 유추할 수 있는 것은 바다를 향하고 있는 낡은 포신 2대뿐 특별하다 할 정도의 잔해는 남아 있지 않다. 지금은 조용한 해변을 즐기기 위한 현지인들과 지나가는 여행자들이 잠시 쉬었다 가는 장소로, 꼭 들러야 할 포인트는 아니지만 한적한 녹지 공간에서 바다를 보며 시간을 보내고 싶은 여행자라면 들러 보자. 참고로 남부에서 일몰을 보기에 괜찮은 장소다.

요트 선착장에 위치한 분위기 좋은 레스토랑

마리나 그릴 Marina Grill

주소 Agat Marina, Agat 위치 ❶ 하갓냐에서 자동차 22분 ❷ 투몬에서 사우스 마린 코프스 드라이브(South Marine Corps Drive, 1번 국도)를 따라 남쪽으로 27분가량 이동 후 해군 기지 우회로 루트 2A(Route 2A)를 따라 약 7분간 이동 후 우측 시간 11:00~21:00(월~금), 07:00~21:00(주말) 가격 $9.00~(버거), $6.50(팬케이크) *서비스 차지 10% 추가 전화 671-564-0215

대부분의 돌핀 투어가 시작되는 아갓 마리나 Agat Marina에 있는 레스토랑이다. 수십 종의 요트와 유람선 등이 정박해 있는 마리나 바로 옆에 위치한 곳으로 창밖 풍경을 바라보며 식사를 즐길 수 있다. 투어 시작에 맞춰 운행되는 차량을 이용해 아갓 마리나에 방문하는 여행객은 이용하기 애매하지만, 렌터카를 이용해 이곳을 방문하거나 남부 지역을 둘러보기 전 간단하게 요기하고 싶은 여행자라면 꽤 괜찮은 식당 중 한 곳이다. 메뉴는 아침 전용 메뉴부터 버거와 샌드위치 그리고 각종 그릴 음식을 내놓는 런치와 디너 메뉴로 구성돼 있는데 제법 괜찮다는 평이다. 바로 앞에는 요트 선착장이 있어 멋진 요트를 감상하며 식사할 수 있다는 장점도 있다. 전체적으로 균형 잡힌 맛과 가격이지만 일부러 찾아가기에는 조금 애매한 곳이니 아갓 마리나에서 요트를 기다리는 여행자들에게 추천한다.

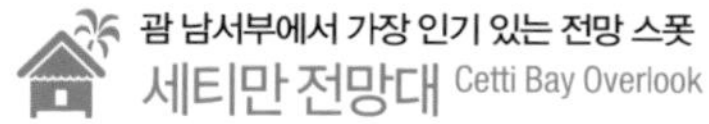

괌 남서부에서 가장 인기 있는 전망 스폿

세티만 전망대 Cetti Bay Overlook

주소 2, Cetti Bay Overlook, Umatac **위치** ❶ 하갓냐에서 자동차 28분 ❷ 투몬에서 사우스 마린 코프스 드라이브(South Marine Corps Drive, 1번 국도)를 따라 남쪽으로 27분가량 이동 후 해군 기지 우회로 루트 2A(Route 2A)를 따라 약 13분간 이동 후 우측 **시간** 24시간 개방 **요금** 무료

우마탁 마을 초입에 위치한 전망대다. 산 중턱 바다 전망이 좋은 곳으로, 특별한 사연이 있거나 역사적인 이야기와 관련 있는 곳은 아니지만 탁 트인 바다 풍경과 남부 특유의 산악 지형을 전망할 수 있다. 도로 옆 주차장에서 가파른 계단을 오르면 야자수와 열대 식물이 우거진 밀림 너머 푸른빛의 아름다운 바다가 보이고, 왼편 남쪽 해안선에는 에메랄드빛 바다로 둘러싸인 아름다운 코코스섬까지 볼 수 있다. 근처에 있는 셀라만 전망대와 비교하면 전망은 물론 접근성이 좋아 렌터카로 괌 남부를 돌아보는 여행객 대부분이 들르는 인기 스폿이다. 둘러보는 데 시간이 얼마 걸리지 않으니 잠시 차를 멈추고 전망대에 올라 남부 특유의 풍경을 담아 보자. 주차 공간이 차량이 많이 다니는 도로변에 위치해 있어 접촉 사고가 종종 발생하니 주의하자.

람람산 트레킹의 출발점이자 열대 우림 속 전망대

셀라만 전망대 Sella Bay Overlook

주소 Sella Bay Overlook, Sella Bay, Umatac **위치** ❶ 하갓냐에서 자동차 27분 ❷ 투몬에서 사우스 마린 코프스 드라이브(South Marine Corps Drive, 1번 국도)를 따라 남쪽으로 27분가량 이동 후 해군 기지 우회로 루트 2A(Route 2A)를 따라 약 11분간 이동 후 우측 **시간** 24시간 개방 **요금** 무료

괌 남부의 유명한 마을인 우마탁Umatac 초입 람람산 중턱에 위치한 전망대다. 아름다운 바다를 보는 다른 전망대와는 달리 전망 자체는 훌륭하다 할 수 없지만, 열대 지역 특유의 자연 느낌과 고즈넉한 분위기가 인상적이다. 현지인들과 외국인 여행자들 사이에서는 세티만을 시작해 람람산을 넘어 우마탁 마을까지 연결되는 트레킹 코스의 출발지로 이용되는 곳으로, 셀라만 전망대 주차장에 차량을 세우고 산길을 따라 20여 분을 올라가면 꽤 근사한 정상을 만날 수 있다. 시간 여유가 있고 트레킹을 즐기는 여행자라면 이곳 전망대를 시작해 반나절 일정으로 남부의 천연 자연을 둘러보는 트레킹 여행을 도전해 보자. 참고로 자동차로 1분 거리에 바다 전망으로 유명한 세티만 전망대가 있다.

괌 발견의 역사가 시작된 곳

우마탁 마을 Umatac Village

주소 Umatac Village, Umatac **위치** ❶ 하갓냐에서 자동차 30분 ❷ 투몬에서 사우스 마린 코프스 드라이브(South Marine Corps Drive, 1번 국도)를 따라 남쪽으로 27분가량 이동 후 해군 기지 우회로 루트 2A(Route 2A)를 따라 약 20분간 이동 **시간** 24시간 개방 **요금** 무료

차모로어로 '3월'이라는 뜻을 가진 단어 '우마탈라프Umatalaf'에서 유래된 이름의 작은 어촌 마을이다. 포르투갈 출신 탐험가 마젤란이 1521년 세계 일주를 항해하던 중 우연히 발견하고 상륙해 괌을 세상에 알린 계기가 된 곳으로, 스페인 지배 당시의 문화와 차모로족의 문화가 뒤섞인 독특한 건축물이 보존되고 있다. 과거에는 번성했던 마을이지만 2011년 재정 문제로 학교가 문을 닫으면서 대다수의 주민이 항구가 있는 메리조 마을로 옮겨 가 이제는 특별한 행사가 아니면 관광객이 주를 이루는 조용한 마을이다. 특별한 볼거리는 없지만 마을 곳곳에 세워진 당시의 독특한 건축물과 어촌 마을의 소박함이 있어 잠시 산책 겸 둘러보기 좋다. 매년 3월 6일에는 마젤란의 상륙을 재현하는 디스커버리 데이Discovery Day 행사도 열린다.

괌을 발견한 탐험가 마젤란 상륙을 기념해 세운 비석

마젤란 상륙 기념비 Magellan Monument

주소 Magellan Monument, 2, Umatac **위치** ❶ 하갓냐에서 자동차 30분 ❷ 투몬에서 사우스 마린 코프스 드라이브(Southe Marine Corps Drive, 1번 국도)를 따라 남쪽으로 27분가량 이동 후 해군 기지 우회로 루트 2A(Route 2A)를 따라 약 21분간 이동 후 좌측 ❸산 디오니시오 성당에서 도보 1분 **시간** 24시간 개방 **요금** 무료

1521년 3월 6일 괌을 발견한 포르투갈 항해사이자 여행가인 페르디난드 마젤란Ferdinand Magellan의 상륙을 기념해 만든 비석이다. 괌은 마젤란의 발견으로 유럽, 더 나아가 세상에 그 이름을 알렸는데, 이때부터 남미와 아시아를 잇는 중간 가교로 이용되면서 훗날 스페인, 일본, 미국의 주요 요충지가 되어 많은 격전과 아픈 역사를 겪게 되었다. 아이러니하게도 이러한 역사적 사건을 기념해 설립한 마젤란 기념비는 괌 역사의 새로운 시작점치고 매우 초라한 형태로 마을 한쪽에 세워져 있다. 1926년 세워진 이후 매년 3월 6일 당시 모습을 재연한 행사와 더불어 마젤란 상륙 기념제가 열리는 것을 제외하고는 특별히 사용되지 않고 있다. 참고로 향신료 무역을 위해 새로운 뱃길을 찾으면서 지구가 둥글다는 것을 증명한 항해자이자 탐험가 마젤란은 태평양으로 가는 통로를 찾아 항해하면서 많은 섬을 발견했는데, 가장 먼저 발견한 섬이 이곳 괌이고 마지막에 발견한 섬은 세부라서 1521년 3월 15일에 상륙한 세부에도 괌과 동일한 마젤란 상륙 기념비가 있다.

우마탁 마을의 상징이 된 스페인 성당

산 디오니시오 성당 San Dionisio Church

주소 San Dionisio, 2, Umatac **위치** ❶ 하갓냐에서 자동차 30분 ❷ 투몬에서 사우스 마린 코프스 드라이브(South Marine Corps Drive, 1번 국도)를 따라 남쪽으로 27분가량 이동 후 해군 기지 우회로 루트 2A(Route 2A)를 따라 약 20분간 이동 후 좌측 **시간** 09:00~13:00, 14:00~18:00(월~수, 금)/ 09:00~13:00(토) *미사 시간 19:00(수), 08:30(일) 관광객 입장 금지 **휴무** 매주 목요일 , 일요일 및 공휴일 **요금** 무료 **전화** 671-828-8056

우마탁만과 연결되는 해안 도로 한쪽에 위치한 성당이다. 스페인 지배 당시 스페인 총독의 명령에 의해 가톨릭의 수도회 중 하나이자 선교단인 카푸친회가 지은 것으로, 원래의 성당 건물은 태풍과 지진으로 사라져 공터만 남았고 그 근처에 1939년 새로 지은 건물을 지금까지 사용하고 있다. 300년이 넘는 스페인 지배 기간 차모로족의 80%가 가톨릭 신자로 개종했는데 그런 차모로족의 과거 역사를 증언하는 대표적인 성당 중 하나다. 자연재해로 무너진 목조 건물을 대신하여 지어진 현재의 건물은 산호석을 사용하고 당시 스페인 건축 기술을 가미한 최신 건축물이었다. 평소에는 조용한 성당으로 사용되고, 마을 행사가 있거나 매년 10월 8일에 열리는 우마탁 마을 축제 기간에는 행사 공간으로 사용된다.

우마탁 마을을 상징하는 다리

우마탁 다리 Umatac Bridge

주소 Umatac Bay Bridge, 2, Umatac **위치** ❶ 하갓냐에서 자동차 30분 ❷ 이나라한 자연 풀장에서 4번 국도를 타고 북동쪽 방향으로 24분 후 우측 ❸ 마젤란 상륙 기념비에서 도보 1분 **시간** 24시간 개방 **요금** 무료

1980년대 괌 남부 개발을 시작하면서 지어진 다리다. 남부 지역의 랜드마크이자 우마탁 마을을 상징하는 다리로, 우마탁 마을과 메리조 마을을 연결하는 중요한 역할을 하고 있다. 다리 위에는 유럽식 건축물이 세워져 있는데 기대할 정도로 화려하거나 웅장하진 않지만 과거 333년 동안 괌을 통치했던 스페인풍의 건축물이 인상적이다. 해안 도로를 따라 남부로 가는 길에 지나치게 되는 곳이니 괌 남부 여행 기념 인증 샷으로 담아 보자.

과거 감시를 목적으로 절벽 위에 세워진 전망대

솔레다드 요새 Fort Nuestra Senora de la Soledad

주소 Fort Nuestra Senora de la Soledad, 2, Umatac 위치 ❶ 하갓냐에서 자동차 32분 ❷ 투몬에서 사우스 마린 코프스 드라이브(South Marine Corps Drive, 1번 국도)를 따라 남쪽으로 27분가량 이동 후 해군 기지 우회로 루트 2A(Route 2A)를 따라 약 24분간 이동 후 좌측 솔레다드 드라이브(Soledad Drive)로 좌회전 후 1분 ❸ 마젤란 상륙 기념비에서 자동차 2분 시간 24시간 개방 요금 무료

평화로운 우마탁 마을과 바다와 맞닿아 있는 아름다운 만을 감상하기 좋은 남부 인기 전망 포인트다. 1810년 괌을 통치하던 스페인이 군사적 목적으로 우마탁 지역에 세운 요새 중 유일하게 잘 보존된 곳으로 과거에는 우마탁 마을을 감시하기 위한 용도로 사용됐고, 이후에는 영국 함대와 멕시코, 필리핀으로부터 오는 해적 등 괌 상륙을 목적으로 오는 적을 감시하고 공격하는 요새로 사용됐다. 깎아지른 듯한 아찔한 절벽 위에서 우마탁 마을의 정겨움과 괌 해안의 멋진 뷰를 보기 위해 렌터카로 남부 여행을 오는 사람들이 꼭 한 번 들르게 되는 인기 스폿 중 하나다. 요새로 가는 안내판이 작아 그냥 지나칠 수 있는데, 우마탁 다리를 지나 바로 이어지는 오르막길 중간쯤 오른쪽으로 입구가 있으니 참고하자.

과거 스페인 점령 당시 중요한 교구였던 마을

메리조 마을 Merizo Village

주소 Merizo Village, 4, Merizo 위치 ❶ 하갓냐에서 자동차 38분 ❷ 투몬에서 사우스 마린 코프스 드라이브(South Marine Corps Drive, 1번 국도)를 따라 남쪽으로 27분가량 이동 후 해군 기지 우회로 루트 2A(Route 2A)를 따라 약 25분간 이동 후 바로 이어지는 루트 4(Route 4)를 따라 4분간 이동 ❸마젤란 상륙 기념비에서 자동차 8분 시간 24시간 개방 요금 무료

괌 최남부에 위치한 메리조 마을은 스페인의 괌 점령 당시 가장 신경 쓴 교구로, 마리아나 제도 주민들을 이주시켰던 곳이다. 차모로족 언어로 '작은 물고기'라는 뜻을 가진 이 마을은 실제로 느긋하게 낚시를 즐기기 좋아 메리조 부두Merizo Pier 근처에서 낚시를 즐기는 여행자들도 많이 볼 수 있다. 1980년 후반 남부 개발 과정에서 우마탁 마을 초등학교를 폐쇄하면서 우마탁 마을 주민들과 합쳐져 한때 괌 남부 마을 중 그나마 가장 많은 인구가 거주했지만 아쉽게도 투몬 지역이 활성화되면서 인구가 줄어 이제는 코코스섬으로 놀러 가는 여행자들을 상대로 장사하는 주민들이 대부분이다. 이곳 메리조 항구에서는 매일 오전 코코스섬으로 향하는 페리가 운영되고 있어 여행객들을 위한 작은 상점과 해양 스포츠 업체 몇 개가 운영 중에 있고, 3월 마지막 주 금~일요일에는 제트 스키 대회, 게 요리 대회 등이 포함된 크랩 페스티벌이 열려 인기다. 참고로 메리조 마을 근처에는 멋진 스쿠버 다이빙 스폿이 있어 다이버들이 즐겨 찾는다.

괌 최남부에 위치한 아름다운 섬

코코스섬 Cocos Island

주소 Cocos Island **위치** ❶ 하갓냐에서 자동차 38분 이동 후 코코스 패스포트(Cocos Passport)에서 페리로 약 10분 ❷ 투몬에서 사우스 마린 코프스 드라이브(South Marine Corps Drive, 1번 국도)를 따라 남쪽으로 27분가량 이동 후 해군 기지 우회로 루트 2A(Route 2A)를 따라 약 25분간 이동 후 바로 이어지는 루트 4(Route 4)를 따라 5분간 이동 뒤 주차 후 메리조 항구에서 전용 보트 탑승 후 약 10분 ❸ 투몬 주요 호텔에서 매일 2회 셔틀버스 운영 중 *홈페이지 참고(www.cocos-island.jp/bustimetable.html) **시간** 메리조 → 코코스섬 배편 10:00, 10:45, 11:15, 11:45 / 코코스섬 → 메리조 배편 13:30, 14:30, 15:30, 16:30 **요금** $40(성인, 왕복 배+섬 입장료), $20(아동, 왕복 배+섬 입장료) **홈페이지** www.cocos-island.jp/main/access.html(일본어) **전화** 671-646-2825~6

아직은 한국 여행자들에게 많이 알려지지 않은 아름다운 섬이다. 투몬에서 자동차로 약 40분 거리에 있는 메리조 항구 맞은편 에메랄드빛 바다와 산호초에 둘러싸인 섬으로, 마을 중간에 있는 공원 내 메리조 부두 Merizo Pier 바로 옆 코코스 패스포트Cocos Passport에서 페리로 10~15분 정도 거리에 위치한다. 섬으로 가기 위해서는 반드시 페리를 이용해야 하는데, 하루 5편 왕복으로 운영하고 왕복 뱃삯과 입장료를 포함해 성인 기준 $40로 가격이 제법 나가 개별 여행객은 아침 일찍부터 배를 타고 섬으로 들어가 반나절 이상을 섬에서 보낸 후 오후 늦게 본토로 돌아오는 일정이 주를 이루고, 해저 레포츠가 목적인 대부분의 여행자는 홈페이지를 통해 액티비티가 포함된 상품을 이용한다. 섬 내부에는 코코스 아일랜드 리조트Cocos Island Resort가 운영되지만 워낙 태풍이 자주 불어 숙박은 어렵고, 섬을 찾는 여행자를 위해 런치 뷔페(11:00~14:00/ 성인 $15, 어린이 $7), 보트 스노클링($25), 보트 낚시($25) 등 다양한 프로그램을 운영하고 있다. 훼손되지 않은 자연과 풍부한 산호, 바다 생태계로 괌에서도 손에 꼽히기 때문에, 가격이 다소 부담스러워도 이곳을 방문했던 여행자들의 만족도는 생각보다 좋은 편이니 시간 여유가 있고 조용한 휴식 공간을 찾는다면 방문해 보길 추천한다. 섬 주변으로 해파리 집단이 종종 출몰해 실외 풀장이 준비돼 있으며, 본토에 비하면 요금이 비싼 편이지만 카페, 발리볼 코트, 수상 레저 장비 렌털 숍도 운영하고 있다. 새가 많은 이 섬의 특성상 새똥을 주의해야 하고, 특별히 코코스섬에는 날지 못하는 멸종 위기 종인 괌 고유종 괌뜸부기 Guam Rail를 만날 수 있는 몇 안 되는 곳이니 이곳에 방문한다면 한번 찾아보자.

Notice 2022년 5월 현재 코로나19로 임시 휴업 중이다. 방문 전에 운영 여부 확인하자.

코코스섬 근해에서 즐기는 종합 액티비티

비키니 아일랜드 클럽 Bikini Island Club

주소 Merizo Pier, 4, Merizo **위치** ❶ 하갓냐에서 자동차 38분 ❷ 투몬에서 사우스 마린 코프스 드라이브(South Marine Corps Drive, 1번 국도)를 따라 남쪽으로 27분가량 이동 후 해군 기지 우회로 루트 2A(Route 2A)를 따라 약 25분간 이동 후 바로 이어지는 루트 4(Route 4)를 따라 5분간 이동 후 우측 빨간색 기와 지붕 건물 **시간** 09:00~18:00 **요금** 남부 관광 + 제트스키 + 돌핀 워칭 + 수중 관람 보트 + 비키니섬 투어 129,000원(성인), 99,000원(아동), 34,900(만 3세 이하) **홈페이지** www.bikiniislandclub.co.kr **전화** 070-7847-8181(한국어), 671-828-8889

남부 코코스섬을 마주 보고 있는 메리조 부두Merizo Pier에 있는 종합 액티비티 업체다. 한국인 사장님이 운영해서 영어를 못하는 여행자도 홈페이지를 통해 또는 직접 찾아가서 쉽게 이용할 수 있다. 괌의 여러 클럽과 같이 돌핀 워칭, 스노클링, 제트 스키, 카누, 바나나 보트, 낚시, 스쿠버 다이빙 등 다양한 종류의 액티비티가 있으며, 패러세일링, 시 워커, 체험 스쿠버 다이빙을 마린 팩과 포함한 여러 종류의 패키지 상품이 준비돼 있다. 메리조 부두Merizo Pier 바로 옆에 있어 프라이빗 비치를 운영하는 다른 클럽과 비교하면 물놀이를 즐기기에는 살짝 아쉬움 있는 곳이지만 메리조와 코코스섬 사이 코코스 라군에 위치한 별 모양 모래가 수면 위로 살짝 올라온 비키니섬(?)에서 시간을 보낼 수 있고, 탁 트인 바다를 질주하는 제트 스키, 유명 다이빙 스폿이 있어 훼손되지 않은 남부의 바다와 다양한 해양 액티비티를 즐기기에 제격이다. 참고로 2017년 봄 HOT 멤버였던 토니 안(캐리어를 끄는 남자), 배우 이태임(금쪽같은 내 새끼랑)이 이곳에서 촬영을 했으니 비키니 아일랜드를 자세히 살펴보고 싶다면 해당 편을 찾아보자.

메리조 마을에 있는 얼마 없는 맛집

C앤J햄버거 앤 핫도그 C & J Hamburger&Hotdog

주소 Merizo Pier, 4, Merizo **위치** ❶ 하갓냐에서 자동차로 39분 ❷ 투몬에서 사우스 마린 코프스 드라이브(South Marine Corps Drive, 1번 국도)를 따라 남쪽으로 27분가량 이동 후 해군 기지 우회로 루트 2A(Route 2A)를 따라 약 25분간 이동 후 바로 이어지는 루트 4(Route 4)를 따라 5분간 이동 후 좌측 ❸ 메리조 항구에서 남쪽 도로로 도보 3분 **시간** 10:00~15:00 **가격** $7~(햄버거) **전화** 671-828-8789

괌 남부 메리조 마을에 위치한 작은 햄버거 가게. 메리조 항구에서 남쪽으로 도보 3분 거리에 있는 식료품 가게 한쪽에 위치한 작은 가게로 치킨 윙이나 프렌치프라이를 비롯하여 다양한 종류의 햄버거와 핫도그를 판매한다. 허름한 입간판과 간이 테이블에 자칫 실망할 수 있지만 편의 시설이 부족한 괌 남부에서 가격대도 착하고 맛도 괜찮아 인기 있는 곳이다. 추천 메뉴는 고소한 치즈를 넣은 치즈버거와 프렌치프라이가 나오는 치즈버거 세트. 양도 꽤 많아서 둘이 먹어도 충분히 포만감을 느낄 수 있으니 참고. 다만 프렌치프라이는 조금 짠 편이니 짠 걸 싫어하는 여행자라면 미리 'Less Salt'를 요청하자.

오랜 역사를 가진 가톨릭 성당

산 디마스 성당 San Dimas Church

주소 329 Chalan Canton Tasi, Merizo **위치** ❶ 하갓냐에서 자동차 40분 ❷ 투몬에서 사우스 마린 코프스 드라이브(South Marine Corps Drive, 1번 국도)를 따라 남쪽으로 27분가량 이동 후 해군 기지 우회로 루트 2A(Route 2A)를 따라 약 25분간 이동 후 바로 이어지는 루트 4(Route 4)를 따라 6분간 이동 후 좌측 ❸ 메리조 항구에서 남쪽 도로로 도보 4분 **시간** 09:00~13:00, 13:00~18:00(월~수, 금) / 09:00~13:00(토) **휴무** 매주 목요일 및 공휴일 **요금** 무료 **전화** 671-828-8056

메리조 마을의 수호성인인 산 디마스의 이름을 딴 역사 깊은 성당이다. 100년이 넘는 오랜 역사를 가진 성당으로 과거에는 목조 건물이었지만 2002년 9월 새롭게 재건축돼 지금은 하얀 외관이 인상적인 아름다운 성당으로 완성됐다. 맞은편에 있는 종탑과 더불어 메리조 마을을 상징하는 랜드마크이며 남부 가는 길에 꼭 지나치는 길목이라 기념사진 스폿이자 예배 드리는 성당으로 이용되고 있다. 매해 4월 셋째 주 주말마다 마을 수호성인 산 디마스를 기리는 축제가 열리니 참고하자.

산호와 자연 암석이 막아 주는 괌 최고의 해수 풀장

이나라한 자연 풀장 Inarajan Natural Pool

주소 Inaragan Natural Pool, 4, Inarajan **위치** ❶ 하갓냐에서 자동차 58분 ❷ 투몬에서 사우스 마린 코프스 드라이브(South Marine Corps Drive, 1번 국도)를 따라 남쪽으로 27분가량 이동 후 해군 기지 우회로 루트 2A(Route 2A)를 따라 약 25분간 이동 후 바로 이어지는 루트 4(Route 4)를 따라 20분간 이동 후 우측 ❸ 메리조 항구에서 자동차 18분 **시간** 24시간 개방 **요금** 무료

오직 이곳을 보기 위해 남부 일정을 계획하는 여행자도 있을 정도로 아름다운 풍경을 자랑하는 이나라한 자연 풀장. 자연 암석과 산호로 둘러싸인 이곳은 파도가 들어오지 않아 수영하기 좋은 잔잔한 물결을 자랑하고, 맑은 물 안에는 물고기들이 돌아다녀 아이들과 함께 스노클링하기 적합하다. 도착하자마자 보이는 가장 큰 메인 풀장에는 다이빙대가 있으나 현재는 사다리가 훼손되어 올라가기 쉽지 않다. 메인 풀장은 물이 어른의 키보다 조금 깊은 정도여서 구명조끼나 튜브 없이 아이들이 놀기에는 적절하지 않다. 메인 풀장에서 왼편으로 조금 더 낮은 풀장이 있으니 그곳에서 아이들과 노는 것을 추천한다. 풀장 주변에 작은 슈퍼가 있으니 간단한 간식으로 허기를 채우거나 빵 부스러기로 물고기들을 유인하는 것도 자연 풀장을 즐기는 또 하나의 방법이다. 이 주변의 바위가 꽤 삐죽한 편이니 아쿠아 슈즈를 신는 것을 추천하고, 수영 장비도 잊지 말자.

이나라한 마을 산책을 하며 잠시 둘러보기 좋은 곳

세인트 조지프 가톨릭 성당 St. Joseph Catholic Church

주소 1 San Jose Ave. Inarajan **위치** ❶ 하갓냐에서 자동차 1시간 ❷ 투몬에서 사우스 마린 코프스 드라이브(South Marine Corps Drive, 1번 국도)를 따라 남쪽으로 27분가량 이동 후 해군 기지 우회로 루트 2A(Route 2A)를 따라 약 25분간 이동 후 바로 이어지는 루트 4(Route 4)를 따라 21분간 이동 후 좌측 ❸ 이나라한 자연 풀장에서 도보 3분 **시간** 14:00~16:00(월, 수) **휴관** 매주 화요일, 목요일, 금요일 및 공휴일 **전화** 671-828-8102

1680년에 스페인 식민 정부 시절 지어져 1990년대 후반까지 개축을 거듭한 가톨릭 성당이다. 지난 몇 백 년간 예배와 마을 행사, 모임 장소로 이용되며 이나라한 마을에서는 중요한 역할을 하고 있는 성당으로, 스페인 양식의 옛 모습을 간직한 채 지금도 이나라한 마을 어귀에 있다. 매년 3월과 5월 성 요셉을 추모하기 위한 행사가 열리는 곳이기도 하다. 제2차 세계 대전 당시 일본의 침략에 맞선 차모로인으로는 두 번째 성직자로 기록된 가톨릭 신부인 바자 두에나스 Baza Duenas가 묻혀 있어, 괌에 거주하는 차모로족 가톨릭 신자들에게는 가톨릭 성지로 여겨지며 많은 사람이 찾는다.

대대로 내려오는 차모로 전통 문화 체험 공간

게프 파고 차모로 문화 마을 Gef Pa'go Chamorro Cultural Village

주소 Gef Pa'go, Inarahan **위치** ❶ 하갓냐에서 자동차 1시간 ❷ 투몬에서 사우스 마린 코프스 드라이브(South Marine Corps Drive, 1번 국도)를 따라 남쪽으로 27분가량 이동 후 해군 기지 우회로 루트 2A(Route 2A)를 따라 약 25분간 이동 후 바로 이어지는 루트 4(Route 4)를 따라 20분 ❸ 세인트 조지프 가톨릭 성당에서 도보 2분 **시간** 09:00~12:00 **요금** $6(성인), $3(아동) **전화** 671-828-1671

차모로족의 전통 예술, 공예, 요리 문화를 보존하고 후손들에게 전달하기 위해 만들어진 체험 공간이다. 유적으로 지정된 오래된 가옥에서 차모로족이 살았던 과거 생활 방식 그대로 나무줄기를 이용한 밧줄이나 그릇, 소금 등을 만들어 보는 문화 체험과 전통 공연, 코코넛으로 사탕 만들기 등 다양한 체험 프로그램이 준비돼 있다. 규모는 크지 않지만 다양한 체험을 통해 차모로인들의 옛 생활 풍습과 문화를 경험할 수 있는 곳으로, 매일 오전 입구에 있는 기프트 숍에서 입장권을 구매하면 내부의 다양한 체험을 할 수 있다. 남부 투어 시 들르기 좋은 포인트로 투몬에서 1시간 정도 걸리는 곳에 있지만 프로그램 대부분이 오전 9시부터 오후 12시까지 진행되니 조금 일찍 출발해야 한다. 모든 프로그램은 영어로 진행되지만 영어를 못하는 외국인을 위해 쉽게 설명을 해 주니 아이들과 함께 괌 남부를 돌아본다면 방문해 보길 추천한다.

Notice 2022년 5월 현재 코로나19로 임시 휴업 중이다. 방문 전에 운영 여부 확인하자.

시원한 독일식 맥주와 스테이크가 인상적인 식당

맥클라우츠 레스토랑 McKraut's Restaurant

주소 115 Corner Kalamasa Circle & Route 4, Malojloj, Inarajan 위치 ❶ 투몬에서 사우스 코프스 드라이브(South Marine Corps Drive, 1번 국도)를 따라 자동차 약 75분 ❷ 이나라한 자연 풀장에서 자동차 6분 후 서클 K(Circle K) 주유소 다음 골목에서 우회전 시간 11:00~21:00(월~금), 12:00~21:00(토), 12:00~20:00(일) 가격 $16.75(소시지 콤보), $23.95(립아이 스테이크), $4.25(맥주) 전화 671-828-4248

괌에서 뜬금없이 독일식 맥주와 소시지라니 뭔가 어색할 수 있지만 괌에 거주하는 현지인들이 오직 이 스테이크와 맥주를 위해 찾아갈 정도로 맛집으로 소문난 식당이다. 미국식, 독일식 메뉴 둘 다 취급하고 있지만 아무래도 독일식 맥주와 소시지가 이 집에서 인기다. 대표 메뉴는 12oz짜리 블랙 앵거스 립아이 스테이크와 독일 맥주다. 특히 스테이크는 다른 곳과는 다르게 고기의 익힘 정도를 물어보지 않아 처음에는 당황할 수 있지만 맛을 보면 모두 수긍할 정도로 고기에 가장 알맞은 익힘으로 유명하며, 독일식 탭 맥주(4종류)와 병맥주는 종류에 따라 시음도 가능하다. 스테이크 외에도 간단히 먹을 수 있는 다양한 음식이 준비돼 있다. 남부의 인기 식당인 수제 버거 제프스 파이러츠 코브가 당기지 않으면 이곳을 방문하길 추천한다.

열대 우림을 지나 과거 차모로족의 전통 생활 방식을 체험할 수 있는 곳

밸리 오브 더 라테 Valley of the Latte

주소 Valley of the Latter Park, 4, Talofofo 위치 ❶ 이나라한 자연 풀장에서 자동차 8분 후 우측으로 서프 사이드 비치(Surf Side Beach)를 끼고 직진 후 좌회전 ❷ 투몬 호텔에서 파크를 연결하는 유료 픽업 차량 이용 시 약 35분 시간 09:00~16:00 요금 오전 투어(점심 포함) $70.00(성인, 만 12세 이상), $45.00(아동, 만 5~11세) / 오후 투어(점심 미포함) $60.00(성인), $35.00(아동) *호텔 픽업 시 성인 $15, 아동 $10 추가 홈페이지 www.valleyofthelatte.com 전화 671-789-3342

탈로포포 폭포에서 이어진 우검강Ugum River을 무대로 다양한 액티비티를 즐기고 4,000년이 넘는 차모로족의 역사를 재현해 놓은 마을을 방문할 수 있는 어드벤처 파크다. 진한 녹색의 야생 그대로의 모습이 인상적인 맹그로브 숲 사이로 강을 따라 다양한 모험을 즐길 수 있다. 이곳의 하이라이트이자 인기 코스는 리버 크루즈를 타고 열대 우림을 거슬러 올라가 정글 중간에 방문하는 원주민 마을이다. 고대 차모로인들의 삶을 그대로 재현해 놓은 자연 전통 가옥, 라테 스톤을 비롯해 공연과 재현 행사 등 다채로운 프로그램을 통해 차모로족들의 옛 생활 풍습을 만날 수 있다. 열대 우림으로 우거진 괌의 자연을 체험하고 각종 수상 스포츠 및 차모로 전통 문화를 즐길 수 있는 복합 액티비티 시설로 아이들을 동반한 가족 단위 여행객은 물론 누구나 방문해도 괜찮을 정도로 취향에 맞게 즐길 수 있는 다양한 프로그램이 준비돼 있으니 차모로족의 역사와 괌 특유의 열대 우림을 경험해 보고 싶다면 방문해 보자.

남부 원주민들이 즐겨 찾는 한적한 해변 공원

이판 비치 공원 Ipan Beach Park

주소 Ipan Beach Park, 4, Talofofo 위치 ❶ 하갓냐에서 남부 도로로 자동차 80분 ❷ 이나라한 자연 풀장에서 4번 국도를 타고 자동차 17분 후 우측 시간 24시간 개방 요금 무료

투몬만 맞은편 해안가에 있는 해변 공원이다. 끝없이 펼쳐진 태평양을 바라보며 한적한 시간을 보낼 수 있으며, 녹지 공간과 자연 풀이 있다. 아직은 사람의 손길이 많이 닿지 않아 부대시설이나 편의 시설은 거의 없지만 한가롭고 자연 그대로의 모습이 남아 있어 가족 단위 피크닉을 즐기기 위한 현지인 방문이 대부분이다. 이곳에서는 가볍게 물놀이를 하거나 수영, 스노클링을 즐길 수 있다. 아이를 동반한 가족 단위 여행객이나 조용한 해변 비치를 찾는 연인이라면 한 번쯤 들러 보길 추천한다. 공원 내에 공용 바비큐 그릴과 벤치가 있고, 남부 유명 맛집인 제프스 파이러츠 코브가 근처에 있다.

케이블카를 타고 즐기는 시원한 폭포

탈로포포 폭포 Talofofo Falls

주소 Talofofo Falls, Inarajan 위치 ❶ 하갓냐에서 남부 도로로 자동차 75분 ❷ 이나라한 자연 풀장에서 북쪽 방향으로 자동차 8분 후 단단 로드(Dandan Road)에서 좌회전 후 직진 5분 시간 09:00~17:00 요금 $12 전화 671-828-1150

괌에서 흔치 않은 자연 폭포를 만날 수 있는 곳이다. 높은 위치에서 떨어지는 웅장한 폭포는 아니지만, 세 개의 폭포와 그 주변을 둘러싼 자연 그대로의 우림이 인상적이다. 처음 이곳은 복합 놀이 공원으로 만들어졌지만 현재는 케이블카와 폭포 그리고 요코이 동굴 정도가 인기다. 케이블카를 타고 폭포가 위치한 곳까지 이동해 산책을 하며 여러 시설을 둘러보는 코스로 무더위에 지친 여행자들의 가슴을 시원하게 해 주는 폭포와 제2차 세계 대전이 끝난 줄 모르고 땅 아래로 판 방공호에서 28년간 생존한 일본인의 흥미로운 이야기가 담긴 요코이 동굴을 비롯해 전망대, 사랑의 정원 등 다양한 테마가 조성돼 있다.

남부의 대표적인 수제 버거 맛집

제프스 파이러츠 코브 Jeff's Pirates Cove

주소 Jeff's Pirates Cove, 4, Talofofo **위치** ❶ 하갓냐에서 남부 도로로 자동차 82분 ❷ 투몬에서 사우스 마린 코프스 드라이브(South Marine Corps Drive, 1번 국도)를 타고 하갓냐 시내에서 루트 4(Route 4) 진입 후 자동차 19분 후 좌측 ❸ 이나라한 자연 풀장에서 루트 4(Route 4)를 타고 자동차 16분 후 우측 **시간** 08:00~18:00(월~목), 08:00~19:00(금~일) **가격** $12~(치즈버거), $6~(맥주), $22~(스테이크) **홈페이지** jeffspiratescove.com **전화** 671-789-1582

육즙이 흘러내리는 두꺼운 수제 패티에 듬뿍 얹어 주는 치즈로 한국과 일본 여행자들뿐만 아니라 서양 여행자들도 남부 투어 시 꼭 들러서 먹는 남부 맛집이다. '제프의 해적만'이라는 뜻의 레스토랑답게 입구에서부터 각종 해적을 상징하는 기념품과 액세서리로 꽉 채워져 있는 이색 레스토랑이다. 널찍한 레스토랑 중앙에 빈티지한 바가 위치해 있고 개방형 구조 덕에 테이블도 주변이 탁 트여 시원한 바닷바람을 맞으며 식사할 수 있다. 레스토랑 앞에는 해변이 있어 식사 전후에 한가롭게 해수욕을 즐길 수 있으며, 농구장이나 작은 규모의 갤러리도 있어 음식을 기다리는 시간을 지루하지 않게 보낼 수 있다. 원래는 바비큐와 해산물 전문 레스토랑이지만 우리나라 여행자에게는 두툼한 패티의 치즈버거가 유명하고, 대부분의 음식이 호평을 받고 있다. 최근 추가된 그리스 요리도 깔끔하고 건강한 맛 덕분에 많은 인기를 끌고 있다.

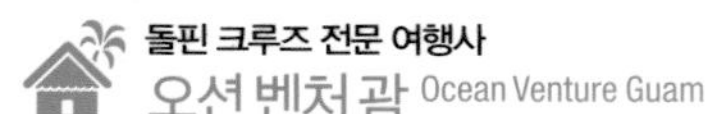

돌핀 크루즈 전문 여행사

오션 벤처 괌 Ocean Venture Guam

주소 Agat Marina, Agat **위치** 온라인이나 카카오톡으로 상품 신청 후 픽업 서비스 안내, 호텔에서 무료 왕복 픽업 서비스 제공 **시간** 09:30~11:30(오전 크루즈), 14:30~16:30(오후 크루즈) **요금** $48(성인, 만12세 이상), $38(아동, 만3~11세) **전화** 070-7838-0185(카카오톡 상담: OVGUAM)

괌에서 빼놓을 수 없는 액티비티인 돌핀 크루즈만 전문으로 하는 여행사. 괌의 돌핀 크루즈는 전통(?) 있는 액티비티 중 하나이기 때문에 여러 업체가 배를 공유하거나 연식이 조금 있는 크루즈도 종종 껴 있어 여행 당일에 내가 어떤 크루즈를 탈지는 어느 정도 운에 맡겨야 하는 상황이 발생한다. 그런데 이곳의 크루즈는 현재까지 최신과 최속을 자랑하는 크루즈로 편안한 투어를 보장한다는 장점을 가지고 있다. 괌을 찾는 한국 관광객들이 점점 많아지는 상황에서 이제는 오직 한국 여행자들에게만 서비스하는 과감한 마케팅 전략을 세우고 있어 언어의 장벽을 느끼는 여행자라면 이곳을 이용해 볼 만하다.

Notice 2022년 5월 현재 코로나19로 임시 휴업 중이다. 방문 전에 운영 여부 확인하자.

한적한 괌 서부 전망대

파고만 전망대 Pago Bay Overlook

주소 Pago Bay Overlook, 4, Yona 위치 ❶ 하갓냐에서 남부 도로로 자동차 90분 ❷ 이나라한 자연 풀장에서 루트 4(Route 4)를 타고 북동쪽 방향으로 24분 후 우측 시간 24시간 개방 요금 무료

남부 투어를 마치고 투몬 시내로 들어가기 전에 들르는 전망대다. 대단한 시설은 없고 콘크리트 벽 위에 철제 난간을 세워 놓은 전망대로, 괌에서 세 손가락 안에 드는 크기의 파고만을 볼 수 있는 전망대다. 한 가지 단점은 전망대 언덕 밑에는 파고만 리조트 뷰가 살짝 아쉽다는 것이지만, 남부 투어를 마무리로 잠시 들러 전망을 감상하기 괜찮은 곳이다. 표지판을 자세히 보지 않으면 자칫 지나치기 쉬우니 주의하자. 오전보다는 일몰이 시작되는 늦은 오후 시간을 추천한다.

북부

North

사람의 손때가 거의 묻지 않은 원시 바다와 별 모래 해변

괌에서도 아는 사람들만 찾아간다는 북부 지역. 사람들에게 많이 알려지지 않고 접근하기 쉽지 않지만 괌 자연의 정수를 느끼려면 북부 지역만 한 곳이 없다. 우리나라에서 논란 중인 사드가 배치돼 있는 앤더슨 공군 기지가 괌의 북동부 지역에 위치해 있어 여행자가 갈 수 있는 지역은 괌 북서부 지역으로 한정되어 있지만 아름다운 해변의 필수 요소인 에메랄드빛 바다와 별 모래 해변은 괌의 그 어떤 해변과도 비교할 수 없고, 그 어떤 해변 못지않게 평온함을 자랑한다. 하지만 렌터카나 사설 업체 픽업 서비스를 이용하지 않는 이상 뚜벅이 여행자들이 접근하기 어렵고, 주변에 식당이나 편의 시설이 없어서 만반의 준비를 하고 가지 않으면 낭패를 보기 십상이니 북부 여행 일정을 계획한다면 교통편을 비롯하여 필요한 준비물을 챙겨 출발하도록 하자.

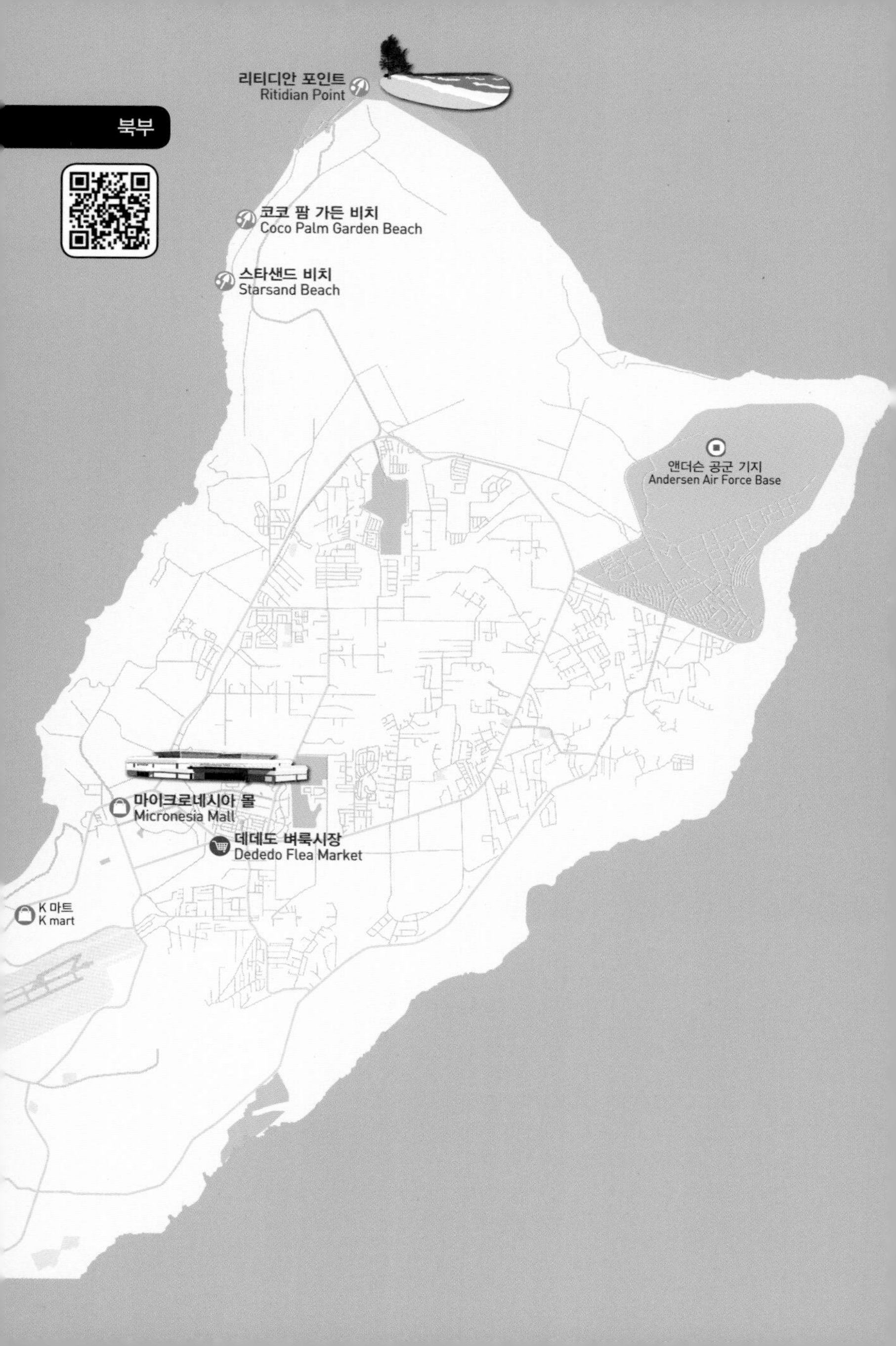

북부
리티디안 포인트
Ritidian Point
코코 팜 가든 비치
Coco Palm Garden Beach
스타샌드 비치
Starsand Beach
앤더슨 공군 기지
Andersen Air Force Base
마이크로네시아 몰
Micronesia Mall
데데도 벼룩시장
Dededo Flea Market
K 마트
K mart

교통편 북부 지역을 둘러보기 위해서는 렌터카를 이용하는 것이 일반적이다. 하지만 북부에 접근할 수 있는 3A 고속 도로가 아스팔트에서 비포장도로로 변하기 시작하는 지점에서는 세심한 운전이 필요하다. 일반적인 승용차는 덜컹거림과 튀는 돌로 인해 자칫 렌터카에 상처가 날 수 있기 때문이다. 북서부에 있는 비치 클럽인 코코 팜 가든 비치나 스타샌드 비치 상품을 이용하면 호텔까지 대형 밴 픽업 서비스를 무료로 제공하니 참고하자.

동선 팁 투몬 지역에서 자동차로 20~30분 달리면 괌 최북단 리티디안 포인트까지 갈 수 있다. 이동거리가 많지 않지만 일부 지역이 군 지역이고, 무엇보다 관광 스폿이 많지 않아 반나절 정도면 충분하다. 오후에는 햇빛이 강하고 파도가 세지니 되도록 이른 아침에 출발해 오전 시간에 돌아보고 오후에는 투몬이나 하갓냐 지역을 돌아보는 일정으로 계획하자.

Best Course

렌터카 코스

숙소(투몬)

↓ 자동차 15분

데데도 벼룩시장

↓ 자동차 5분

마이크로네시아 몰

↓ 자동차 10분

숙소 복귀(해수욕 준비)

↓ 자동차 30분

리티디안 포인트(해수욕)

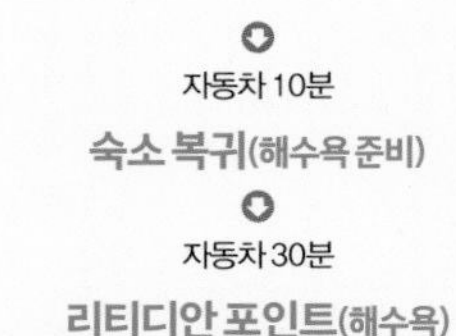

↓ 자동차 30분

숙소

알뜰 쇼핑족을 위한 종합 몰

마이크로네시아 몰 MICRONESIA MALL

주소 1088 W. Marine Corps Drive, Dedeo **위치** ❶T 갤러리아에서 자동차 5분 ❷투몬에서 트롤리 버스 15분
시간 10:00~21:00 **홈페이지** www.micronesiamall.com **전화** 671-632-8881

괌을 방문하는 거의 모든 여행객이 한 번쯤 방문하는 대형 쇼핑몰. 인기 브랜드가 모여 있는 괌 프리미어 아웃렛GPO과 비교했을 때 더 많은 브랜드가 밀집해 있다. 몰 내부는 여러 개의 브랜드가 모여 있는 백화점 및 종합 마켓과 각각의 상점을 운영하는 브랜드 매장으로 구별되는데, 미국에서는 물론 국내 직구족에게 유명한 메이시스Macy's를 비롯해 최근 오픈한 로스Ross, 페이레스 슈퍼마켓 등 대형 할인 매장이 인기다. 가장 인기 있는 브랜드는 폴로 랄프로렌과 비타민 월드, 갭 매장이다. 2층에 제법 넓은 규모로 조성돼 있는 피에스타 푸드 코트와 극장은 물론 부모와 함께 방문하는 아이들을 위한 어트랙션도 있어 아이를 동반한 여행객이라면 괌 쇼핑 스폿 중 가장 추천하고 싶은 곳이다. 몰 입구마다 있는 인포메이션 센터에서는 여권을 지참한 외국인 방문객에게 메이시스 10% 할인 쿠폰을 제공하니 여권을 꼭 챙겨 갈 것. 메이시스는 상시 높은 할인대의 쿠폰을 발행하니 이 책 2부의 'HOW TO GO 괌' 파트에 소개된 유용한 애플리케이션 및 쿠폰 받는 법 등을 참고하자. 투몬 지역에서 사랑의 절벽 가는 길에 있으니 렌터카 여행자라면 같이 동선을 계획하면 좋다. 대중교통 이용자는 투몬 거리에서 트롤리 버스(레드 – 편도 $4)를 이용하면 된다.

메이시스 Macy's

국내 직구족들이 사랑하는 미국 백화점이다. 미국의 중상급 브랜드를 취급하는 곳으로, 1년 상시 열리는 할인 행사에 할인 쿠폰까지 더하면 최고 60~80% 할인된 가격에 득템할 수 있다. 여러 개 브랜드가 모여 높은 할인 폭을 제공하는 미국 지점과는 달리 내부 브랜드 단위로 구성돼 가격은 살짝 아쉽지만 타미힐피거, 폴로, 카터스 등은 꼭 가 봐야 할 매장으로 손꼽힌다.

비타민 월드 Vitamin World

의약품이 잘 발달돼 있는 미국에서 가장 다양한 의약품을 경제적으로 만날 수 있는 최적의 장소다. 종합 비타민제부터 항산화제, 변비약, 수면 유도제까지 다양한 종류의 보조 식품 및 영양제들이 가득하다. 홈페이지 회원 가입 시 할인 혜택을 받을 수 있으니 방문 전에 홈페이지(www.vitaminworld.com)를 확인하자.

풋 로커 Foot Locker

나이키, 아디다스, 푸마, 컨버스 등 인기 스포츠 브랜드 제품이 모여 있는 곳이다. 메이시스와 마찬가지로 할인 쿠폰만 잘 사용하면 최고 80% 이상 저렴한 가격으로 스포츠용품을 구매할 수 있으며 풋 로커만의 독점 아이템을 비롯해 레어템도 여럿 있다.

로스 Ross

매주 들어오는 각종 브랜드를 평균 20~60%, 최고 80%까지 저렴한 가격에 판매하는 창고형 몰이다. 잘만 찾으면 백화점에서 판매하는 제품을 말도 안 되는 가격에 구매할 수 있다. 쇼핑에 최소 1시간 이상 투자를 해야 하며, 매일 밤 물건 진열을 하니 득템을 원한다면 오전에 방문하면 좋다. 최근 오픈한 마이크로네시아 몰 매장보다 괌 프리미어 아웃렛 매장의 물건이 더 좋다는 평도 있으니 쇼핑을 좋아한다면 두 곳 모두 방문해 보자.

갭 Gap

국내에서 꽤 많은 마니아가 있는 정통 아메리칸 스타일의 미국 브랜드. 심플한 디자인과 실용성 좋은 옷으로 유명하며, 청바지, 티셔츠, 니트, 후드티 등 패션 아이템이 가득하다. 마이크로네시아 몰에는 성인과 키즈로 구별돼 있는데, 여행지 특성상 갭 키즈가 인기가 많다.

피에스타 푸드 코트 Fiesta Food Court

제법 넓은 규모에 약 20개의 식당이 모여 있는 곳이다. 피자, 샌드위치를 비롯해 원하는 요리를 2개 또는 3개를 선택해 먹는 뷔페식 음식점 등 취향에 맞는 음식을 선택해 맛볼 수 있다. 외부 레스토랑과 비교하면 살짝 아쉬움이 있지만 쇼핑 전후에 간단하게 식사를 해결하기에 좋다.

매주 주말에만 열리는 벼룩시장
데데도 벼룩시장 Dededo Flea Market

주소 344, Marine Corps Dr, Dededo **위치** 마이크로네시아 몰에서 자동차 3분(주차 가능하나 혼잡) **시간** 06:00~10:00(토, 일)

매주 토요일, 일요일 새벽 6시부터 오전 10시까지만 열리는 시장이다. 30년 전통을 이어 온 곳으로, 의류를 비롯해 공예품, 생선, 열대 과일, 가구 등 각종 물품을 판매한다. 시즌에 따라 달라지긴 하지만 많을 때는 100여 개의 상점이 오픈할 정도로 활성화된 곳이다. 현지인들의 삶의 풍경을 엿볼 수 있고, 괜찮은 기념품을 사거나 현지인들이 즐겨 먹는 다양한 먹거리도 즐길 수 있다. 가장 인기 상품은 수공예품과 과일 주스, 열대 과일, 티셔츠, 비치웨어 등 먹거리와 의류, 기념품류로 제품마다 다르긴 하지만 제품의 질 대비 가격대가 괜찮다. 최근에는 방문하는 여행객의 증가로 푸드 트럭, 음식점 부스가 늘어나 다양한 음식을 맛볼 수 있는 장점이 있지만 현지인들 상점가는 많이 사라져 현지인들의 생활 모습을 기대하는 여행자에게는 아쉬움이 남는다. 투몬 거리에서 벼룩시장을 연결하는 버스가 하루 2회 왕복 운행을 하고 있으며, 렌터카 이용자는 투몬에서 마이크로네시아 몰을 연결하는 도로인 마린 코프스 드라이브Marine Corps Drive를 따라 쭉 가다 보면 오른쪽에 있다.

시스템이 잘 갖추어진 천혜의 북부 해변
코코 팜 가든 비치 Coco Palm Garden Beach

주소 Coco Palm Garden Beach, Urunao, 3A, Dededo **위치** 투몬 지역에서 3A 고속 도로 타고 약 30분간 직진 후 좌회전(샛길) 후 10분 *호텔 픽업 차량 이용 추천 **시간** 10:00~16:00 **가격** 해수욕(식사 포함) $90(성인), $45(만 3~11세 이하) / 해수욕(개인 카바나) $250(성인), $125(만 3~11세 이하) **홈페이지** www.cocopalm-guam.com/request_en.php **전화** 671-477-4166

바로 옆에 위치한 한국인이 운영하는 스타샌드 비치와 더불어 북서부 지역에 위치한 비치 클럽이다. 200명 이상을 수용할 수 있는 제법 큰 규모의 비치 클럽으로 일본인 패키지 여행자들이 주를 이루지만 최근 한국인 개별 여행자들의 방문도 제법 늘고 있다. 천혜의 자연으로 유명한 북서부 지역에 위치해 아름다운 해변과 멋진 산호 숲을 갖추고 있으며 오래전부터 운영되고 있는 클럽인 만큼 각종 편의 시설과 용품이 알맞게 준비되어 있으며 시스템 또한 돋보인다. 하지만 많은 이들이 이용하는 인기 클럽이라 프라이빗 비치라는 느낌이 약하고, 가족 단위 여행객이나 연인들이 이용하는 카바나의 경우 스타샌드 비치보다 가격대가 많이 높다는 단점이 있다.

프라이빗 비치에서 즐기는 해수욕과 정글 투어

스타샌드 비치 Starsand Beach

주소 Starsand Beach, Urunao, 3A, Dededo **위치** 투몬에서 3A 고속 도로를 타고 약 30분간 직진 후 좌회전(샛길) 코코 팜 가든 비치를 지나 약 5분간 직진 *호텔 픽업 차량 이용 추천 **시간** 09:00~19:00 **요금** 비치 & 바비큐(09:00~14:30) $85(성인), $55(아동) / 정글 투어 $85(성인), $55(아동) **홈페이지** www.guamstarsand.com **전화** 671-689-6829/ 한국 070-8699-6829

스타샌드 비치라는 이름답게 산호가 부서져 생긴 하얀색 별 모래가 가득하고 비치 뒤쪽엔 녹지 공간 속 휴식 공간이 준비되어 있다. 괌에서 운영되고 있는 비치 클럽 중 시설과 환경 면에서는 최고점을 주고 싶은 깔끔하고 편안한 분위기를 자아내는 곳으로 비치 상품 외에도 리티디안 야생 동물 보호 구역을 즐기는 정글 투어 등 다양한 상품이 준비되어 있다. 바로 옆에 위치한 코코 팜 가든 비치와 비교하면 시설과 규모 면에서는 작지만 프라이빗 비치의 장점을 온전히 누릴 수 있어 가족 단위 여행객에게 인기. 잘 관리된 부지 내에서 산호 동굴과 라테 스톤을 둘러볼 수 있는 산책로까지 준비되어 있다. 비치 클럽 상품 외에 운영되는 돌핀 크루즈나 스쿠버 다이빙 코스는 북부 해변에서 진행되지 않기 때문에 다른 투어 상품과 특별한 차이점은 없으니 참고하자. 한국인 사장님이 운영하고 있으며 카카오톡(ID: GUAMSTARSAND)으로 언제든지 질문할 수 있다.

자연 그대로의 아름다움을 간직한 괌 최북단 비치

리티디안 포인트 Ritidian Point

주소 Ritidian Beach, Route 3A, Yigo **위치** T 갤러리아에서 자동차 35분 **시간** 9:00~16:00 **요금** 무료

야생 동물 보호 구역 및 군사 지역에 위치한 최북단 비치다. 투몬에서 데데도 지역을 지나 북부를 연결하는 비포장도로 루트 3A를 약 20분 정도 달려야 도착할 수 있는 곳으로, 자연 그대로의 아름다움과 끝이 보이지 않는 바다 풍경을 만날 수 있다. 도로 상태도 좋지 않고 대중교통으로의 접근이 어려워 다른 비치에 비하면 무척 조용하고 아늑한 편이다. 하지만 파도가 거칠고 급류 변화가 심해 수영을 즐기기에는 약간 위험 요소가 많다. 괌 비치 중 가장 고운 모래와 하얀 백사장 그리고 투명하고 에메랄드빛 바다까지 있어 사진 찍기 좋은 곳 중 하나로 화장실, 식당 등 편의 시설이 없지만 최근 여행자들 사이에서 입소문이 퍼져 이곳을 찾는 이들이 늘고 있다. 참고로 비치 입구에는 깃발이 꽂혀 있는데 기상 상태에 따라 바다 출입 가능 여부를 표시해 놓은 것이니 주의하여 살펴보자.

TASI
RESERVE

HOTEL

추천 숙소

즐거운 여행을 위해 숙소는 매우 중요하다. 민박, 게스트 하우스 등 저렴한 숙소부터 고급 호텔과 리조트까지 자신의 여행 스타일에 맞는 숙소 고르는 방법과 다양한 숙소를 알아본다.

괌 여행 계획 중에 숙소는 여행의 만족도를 좌우할 만큼 가장 큰 부분을 차지한다. 바다가 아름다운 괌에서 대부분의 여행자는 완전한 휴식을 꿈꾸기 때문에 여행 구성원과 기간 그리고 어디를 둘러볼지에 대한 계획에 맞춰서 다양한 선택을 해야 한다. 만족할 만한 괌 여행을 위한 시작이자 끝인 숙소를 어떻게 잘 고를 수 있을지 꼼꼼히 살펴보자.

유형별 숙소 종류

대표적인 휴양지인 괌에는 다른 어떤 여행지보다 숙소의 종류가 제한적이다. 지리적으로 좁은 면적을 가지고 있는 섬이기도 하고 방문 목적이 대부분 '휴양'에 맞춰져 있다 보니 이곳을 찾는 여행자들은 대부분 리조트형 호텔을 선택한다. 특히 투몬 베이를 끼고 괌의 대표적인 호텔 80% 이상이 몰려 있기 때문에 위치상으로 크게 고민할 필요가 없다는 점은 장점이자 단점이다. 물론 이러한 리조트 외에도 게스트 하우스나 비즈니스 호텔을 발견할 수 있지만 한인 게스트 하우스가 아닌 이상 큰 메리트는 없다.

◎ 게스트 하우스 / 한인 민박 / B & B($60~300)

괌에는 배낭여행자가 거의 없는 저렴한 도미토리형 호스텔보다는 가족이나 연인끼리 가격적 부담 없이 머물 수 있는 민박 형태의 숙소가 많은 편이다. 일반 호텔보다는 저렴한 편이지만 머무는 숙소의 위치나 퀄리티에 따라 호텔보다 훨씬 비싼 곳들도 있다. 특히 한 집을 나누어 사용하는 것보다 집 전체를 대여해 주는 곳이 많다. 이러한 형태의 숙소 중에는 괌 현지 교민들이 운영하는 한인 게스트 하우스도 포함된다. 영어에 자신이 없는 여행자나 해외여행이 처음인 여행자들은 한인 민박이나 B & B에서 여행을 시작하는 것도 좋은 방법이다. 현지에서 급한 도움이 필요할 때에도 언어의 장벽 없이 도움을 요청할 수 있기 때문에 여행에 대한 두려움이 크다면 한인 게스트 하우스를 이용해도 좋다.

◎ 비즈니스 호텔($70~100)

호텔보다는 저렴하지만 휴양보다는 '숙박'에 더 중점을 둔 저가형 호텔이라고 이해하면 편하다. 배낭여행자와 마찬가지로 괌에는 비즈니스를 위해 괌에 체류하는 경우가 적기 때문에 저렴한 숙소를 찾는 여행자들이 이용한다. 대부분의 호텔이 바다 근처보다는 시내나 주거 지역에 위치해 있다. 숙소 가격이 부담스러운 여행자나 렌터카를 빌려서 해변이나 맛집으로의 이동이 자유로운 여행자라면 합리적으로 머물 수 있다.

◎ 호텔($100~300)

대부분의 호텔이 바다와 매우 가깝고 여행자를 위한 맛집과 쇼핑몰이 대거 밀집된 투몬 지역에 위치해 있다. 일반 호텔보다는 리조트형 호텔이라고 생각하면 된다. 호텔 내에는 자체 수영장과 수상 액티비티를 진행할 수 있는 곳들이 있고 이 외에도 스파, 골프, 스포츠 시설 등 호텔 밖으로 나갈 필요 없이 호텔 내에서 휴양의 대부분을 해결할 수 있다. 가격은 성수기와 비수기, 주말과 평일 등의 다양한 요소로 가격 차이가 많이 나는 편이기 때문에 여행 전 미리 가격 체크를 해야 좀 더 합리적인 가격으로 살 수 있다.

숙소 선택 요령

숙소를 선택하는 데 있어서는 여행 일정, 여행 스타일, 동반자, 여행 예산 등을 반드시 고려해서 선택해야 한다. 아래 표를 참고하자.

◎ 여행 유형에 따른 선택 팁

구분	추천 시설(추천순)
가족 여행	게스트 하우스 가족 룸 ▶ B & B 독채 ▶ 호텔
커플 및 친구와 함께하는 여행	게스트 하우스 ▶ 비즈니스 호텔 ▶ 호텔
단체 여행(6명 이상)	B & B 독채

숙소 예약 사이트

같은 날짜, 같은 시간, 같은 방을 이용해도 가격은 다를 수 있다. 이유는 바로 호텔 예약 방법이다. 온라인 호텔 예약 대행 사이트 중 할인율이 높은 곳을 이용하면 적지 않은 금액을 절약할 수 있다.

◎ 아고다 Agoda

태평양과 동남아 쪽에 특히 강세를 보이고 있는 아고다는 다른 숙소 큐레이션 서비스보다 많은 숙소 데이터베이스를 가지고 있다. 괌의 경우 아주 저렴한 민박집부터 가장 비싼 호텔까지 다양한 옵션들을 볼 수 있으니 숙소 선택에 참고하자.

◎ 트립어드바이저 tripadvisor.co.kr

전 세계 호텔 예약 대행 서비스는 물론 실제 해당 호텔을 이용해 본 소비자의 리뷰와 음식점, 관광 명소 등 각종 여행 정보를 얻을 수 있는 종합 여행 사이트다. 위에 소개한 사이트보다 가격적인 매력은 다소 부족하지만 호텔을 선택하는 데 많은 도움을 받을 수 있다.

◎ 호텔스닷컴 Hotels.com

전 세계 호텔을 커버하는 방대한 데이터베이스를 가지고 있는 호텔스닷컴. 10박을 하면 1박을 공짜로 주는 프로모션과 다양한 할인 혜택이 있어 호텔을 검색하는 여행자에게는 꼭 들러야 하는 서비스 중 하나다.

◎ 각 호텔 홈페이지 예약

유명 리조트 및 호텔의 경우 공식 홈페이지에서 최저가 보상 제도, 특별 서비스 프로모션 등을 선보인다. 예약하기 전에 여행사 사이트와 가격 비교는 필수다.

◎ 호텔스컴바인 HotelsCombined

어느 정도 숙소를 정했다면 이곳에서 마지막으로 최종 가격을 확인해서 알뜰한 여행을 계획하자. 다양한 숙소 추천 서비스들의 가격을 비교해서 가장 저렴한 가격을 찾아 주기 때문에 숙소를 정한 상태에서 쓴다면 가격적으로 도움이 많이 된다. 다만, 이곳도 수수료를 포함한 가격을 보여 주니 무조건적으로 확실한 건 아니라는 것을 명심하자.

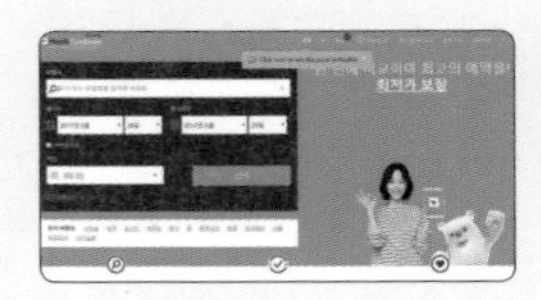

◎ 국내 여행사 전화 예약

온라인 사용이 어렵거나 시간적 여유가 없는 여행자라면 국내 호텔 예약 전문 회사를 통해 전화 예약할 수 있다. 한 가지 기억할 것은 전화 예약 특성상 상담 직원에 따라 추천 호텔이 달라질 수 있다는 것이다.

하나투어 02-3417-1212
인터파크투어 02-3479-4230
여행박사 070-7017-2100

투몬 시내 북단에 위치한 한적한 가족호텔

호텔 닛코 괌 Hotel Nikko Guam

4성급

주소 245 Gun Beach Rd, Tumon **위치** T 갤러리아에서 건 비치 방향으로 도보 7분 **홈페이지** www.nikkoguam.co.kr **전화** 671-649-8815

투몬 베이 최북단에 위치한 닛코 호텔. 일본 유명 호텔 브랜드 오쿠라 그룹 계열의 전형적인 가족호텔로, 그 기능에 충실하고 있다. 16층에 위치한 루프톱 뷰 중식 레스토랑 토리Toh-Lee는 높은 곳에서 괌 시내를 내려다볼 수 있는, 괌에서 얼마 안 되는 루프톱 레스토랑이기 때문에 특히 인기다. 밀 카드(여행사만 판매)인 골드 카드 사용 시 조식으로도 즐길 수 있는 일식 레스토랑 벤케이 레스토랑과 뷔페식 조식을 즐길 수 있는 마젤란 중 한 곳을 선택할 수 있다는 점도 장점으로 꼽힌다. 북쪽에 위치해 있기 때문에 투몬 베이 위쪽에 있는 건 비치를 사용하고 있어 한적하고 더욱 깨끗한 바다를 자랑한다. 무엇보다 해수욕 중에 사랑의 절벽을 감상할 수 있다는 점은 큰 장점 중 하나다. 전 객실이 오션 뷰에 와이파이가 가능하니 숙소에서 시간을 보내도 충분히 좋다. 지어진 지 조금 됐지만 워낙 관리를 잘해서 전체적으로 깔끔한 인상을 준다. 수영장이 큰 편은 아니지만 괌에서 가장 긴 77m 워터 슬라이드를 즐길 수 있고, 수영장 주변으로 아름다운 일본식 정원 스타일 산책로를 마련해 두어서 괌에서 가장 예쁜 산책로를 자랑한다. 산책로 중간에 위치한 전망대에서는 사랑의 절벽을 배경으로 넓은 태평양을 조망할 수 있으니 꼭 걸어 보도록 하자. 가장 북쪽에 위치해 있기 때문에 도보로 투몬 시내를 이동하기에는 조금 거리가 있는 것이 사실이다. 하지만 트롤리 버스와 레아레아 버스, T 갤러리아 셔틀버스가 멈추기 때문에 쉽게 투몬 시내로 나갈 수 있다.

최신식 건물과 깔끔한 해변 호텔

5성급

롯데 호텔괌 Lotte Hotel Guam

주소 185 Gun Beach Rd, Tumon **위치** T 갤러리아에서 건 비치 방향으로 도보 5분 **홈페이지** www.lottehotel.com/guam/ko **전화** 671-646-6811

지어진 지 상대적으로 오래된 호텔들 사이에서 깔끔한 베이지색 외관을 자랑하는 호텔이다. 연식이 얼마 되지 않아 깔끔한 최신식 외관과 인테리어를 갖춘 호텔로, 한국 여행자들에게 많은 사랑을 받고 있다. 롯데 계열 호텔로 한국어 직원이 상주해 24시간 한국어 서비스를 제공하기 때문에 특히 인기다. 한국 여행자들의 취향을 가장 잘 반영한 듯한 흰색과 파란색으로 꾸며진 메인 풀장 바로 앞 수영장은 바다와의 경계가 불분명한 인피니티 풀로 만들어져 인생 샷을 남기기 좋은 스폿으로 손꼽힌다. 로비 층에 위치한 뷔페식 레스토랑 라센La Seine은 한국 여행자들의 입맛에 잘 맞는 편이라 평이 좋은 곳으로 오전에는 조식 뷔페를 즐길 수 있고, 점심과 저녁은 단품 메뉴들을 즐길 수 있다. 이 외에도 고급스러운 클럽 라운지와 풀 바도 인기가 좋고 닛코 호텔과 마찬가지로 건 비치가 가깝기 때문에 다른 호텔에 비해 한적한 해수욕을 즐길 수 있다.

괌 최초 6성급 럭셔리 호텔

더 츠바키 타워 The Tsubaki Tower

6성급

주소 241 Gun Beach Rd, Tamuning **위치** T 갤러리아 맞은편 도보 3분 **홈페이지** www.thetsubakitower.co.kr **전화** 671-969-5200

2020년 4월에 오픈한 괌 최초의 6성급 호텔. 워낙 오래전부터 알려진 휴양지이기 때문에 상대적으로 연식이 오래된 호텔들이 많은 괌에서 신축한 호텔이라는 점 자체로도 매력이 충분하다. 깔끔한 건물의 외관과 시내가 한눈에 담기는 높은 천고의 통창이 인상적인 로비, 6성급에 걸맞은 투숙객을 위한 공간과 품격이 곳곳에서 묻어나 있다. 이곳의 조식은 룸 서비스와 뷔페식 중 고를 수 있는데, 룸 서비스를 선택한다면 발코니에 있는 널찍한 테이블에 흰 천을 깔아 주기 때문에, 발코니에서 바다를 바라보며 식사를 하는 특별한 경험을 할 수 있다. 이제는 하나의 기준이 되어 버린 인피니티 풀도 매우 넓은 편이라 수영장에 사람이 많더라도 인생 샷을 찍는 데 부족함이 없다. 또한 매일 밤 3차례(19:30, 21:00, 22:30) 메인 풀에서 음악과 함께 분수쇼가 열리는데, 수영장 바로 뒤에 위치한 풀 바에서 편안하게 볼 수 있으니 쇼가 시작되기 전에 미리 음료를 하나 시켜 놓는 것도 추천한다. 스마트 TV, 전동 커튼, 스타벅스 캡슐커피, 유명 브랜드의 어메니티까지 디테일한 부분에서도 여행자들을 감동시키는 포인트가 정말 많은 편이다. 27층에 위치한 이탈리안 레스토랑 라 스텔라와 이곳의 메인 바 라 스텔라는 압도적인 높이에서 투몬 시내 전경을 한눈에 담을 수 있어 로맨틱한 식사와 칵테일 한잔 할 수 있는 장소를 찾는 커플 여행자라면 투숙객이 아니더라도 이곳을 추천한다.

심플한 인테리어와 서비스가 인상적인 호텔

5성급

웨스틴 리조트 괌 Westin Resort Guam

주소 105 Gun Beach Rd, Tamuning **위치** T 갤러리아에서 건 비치 방향으로 도보 3분 **홈페이지** www.westinguam.com/ko **전화** 671-647-1020

투몬 메인 거리가 시작되는 언덕 위에 위치한 호텔이다. 글로벌 호텔 체인인 스타우드 SPG 계열 호텔로 심플한 인테리어와 웨스틴 호텔 특유의 편안함과 서비스가 인상적인 호텔이다. 호텔 1층에는 야외 수영장과 프라이빗 비치가 준비돼 있으며, 2층에는 아이를 동반한 가족 단위 여행객의 휴식을 위해 풀 케어 서비스를 제공하는 하모니 키즈가 운영되고 있다. 또한 괌 다이닝 부분에서 수상 경력을 보유한 뷔페식 레스토랑인 테이스트Taste를 비롯해 지중해풍 이탈리안 요리 전문점 프레고Prego, 아름다운 비치를 바라보며 바비큐를 즐길 수 있는 스타라이트Starlight까지 레스토랑과 바, 카페가 준비돼 있다. 주변 다른 리조트와 마찬가지로 해양 스포츠를 즐길 수 있는 비치 부스도 운영되고 있으며, 프라이빗 비치의 경우 자연과의 조화를 이루고 있어 꽤 인기다. 투몬에서 위치로 따지면 베스트 3 안에 들 정도로 좋으니 참고하자.

인피니티 풀로 인기몰이를 하고 있는 괌 대표 호텔

4성급

괌 리프 앤 올리브 스파 리조트 Guam Reef & Olive Spa Resort

주소 1317 Pale San Vitores Rd, Tamuning **위치** T 갤러리아 맞은편 도보 2분 **홈페이지** guamreef.com/en **전화** 671-646-6881

2016년 하반기 글로벌 호텔 예약 사이트에서 검색 순위로 선정한 전 세계 인기 호텔 2위에 오른 곳이다. 투몬 메인 거리에서 도보 2분이면 갈 수 있는 최적의 위치와 인피니티 풀Infinity Pool로 유명하며 메인 건물에 위치한 오션 뷰 일식 레스토랑 와온Waon부터 별관 건물에는 괌 대표 맛집인 에그 앤 띵스Eggs'n Things를 비롯해 인기 레스토랑이 다수 입점돼 있다. 호텔 내부에는 일본 전역에 30개 이상 매장을 운영하고 있는 스파 브랜드 올리브 스파Olive Spa가 운영되고 있으며 자녀들을 맡길 수 있는 리틀 가든Little Garden, 인피니티 풀로 유명한 야외 수영장과 해변으로 이어지는 비치도 준비돼 있다. 주변 5성급 호텔과 비교했을 때 등급은 한 단계 낮은 4성급으로, 가격대가 살짝 낮고 최적의 위치와 모던한 룸 타입으로 성수기에는 방을 찾기 어려울 정도로 인기다. 한 가지 단점은 룸 타입마다 일부 룸에서는 바다 전망이 살짝 아쉽다는 점이다. 뷰 외에는 5성급 호텔급 서비스를 받을 수 있으니 참고하자.

시내 한복판에 있고 투몬 베이를 마주 보는 도심형 호텔

두짓 비치 리조트 Dusit Beach Resort Guam

4성급

주소 1255 Pale San Vitores Rd, Tamuning **위치** ❶ T 갤러리아 맞은편 도보 1분 ❷ 더 플라자 건물에서 바로 연결 **홈페이지** www.dusit.com/dusitbeach-resortguam/ko/ **전화** 671-649-9000

20년 이상 사랑받아 온 아웃리거 비치 리조트를 인수하여 리모델링 후 2021년 6월에 오픈한 리조트이다. 태국의 호텔 체인인 두짓타니 그룹에서 운영하는 곳으로 투몬 시내에 맞닿아 있고 투몬 비치를 바라보고 있는 최고의 위치를 자랑한다. 두짓이라는 브랜드 호텔의 이미지에 걸맞게 고급스러운 시설과 직원 서비스도 수준급. 투몬 시내 쇼핑의 메카 중 하나인 더 플라자와 연결돼 있기 때문에 플레저 아일랜드로의 접근성도 뛰어나다. 고급 인테리어와 럭셔리 서비스, 거기에 모던하면서도 따스함을 주는 룸 컨디션이 매우 인상적이다. 괌을 제법 와 본 여행자들 사이에서는 가성비 레스토랑으로 유명한 팜 카페도 놓칠 수 없는 두짓 비치 리조트 인기 스폿. 바로 옆에 있는 두짓타니와 수영장도 이용 가능하고, 튜브, 구명조끼를 무료로 대여할 수 있다.

투몬 베이에 위치한 5스타 럭셔리 리조트

두짓타니 괌 리조트 Dusit Thani Guam Resort

5성급

주소 1277 Pale San Vitores Rd, Tumon **위치** ❶ T 갤러리아 맞은편 도보 1분 ❷ 더 플라자 건물에서 바로 연결 **홈페이지** www.dusit.com/dusitthani/guamresort **전화** 671-648-8000

몰디브를 비롯해 전 세계 유명 휴양지에 호텔과 리조트를 운영하고 있는 태국의 호텔 체인인 두짓타니Dusit Thani에서 운영하는 5성급 럭셔리 리조트다. 투몬 메인 거리 중간에 위치한 리조트로, 최적의 위치와 함께 고급 인테리어와 럭셔리 서비스를 제공한다. 현대적이면서도 태국 특유의 웅장함이 가미된 편안한 공간으로, 비치 바로 옆에 위치한 바비큐 레스토랑 타시 그릴Tasi Grill을 시작으로 현대적이면서 세련된 뷔페식 레스토랑 아쿠아Aqua 등 고급 레스토랑이 운영되고 있다. 수영장, 자쿠지Jacuzzi, 워터 슬라이드, 키즈 클럽 등 여행자를 위한 부대시설이 있으며 60종 넘는 브랜드가 입점해 있는 더 플라자와 바로 연결돼 쇼핑, 휴식, 여가 시간을 보낼 수 있다. 투몬 거리에 위치한 호텔 중 가격대가 가장 비싼 편에 속하지만 성수기에는 방을 예약하기 힘들 정도로 일본인 관광객이 가장 선호하는 괌 인기 호텔로 손꼽힌다.

위치, 시설, 서비스 삼박자를 고루 갖춘 호텔

4성급

하얏트 리젠시 괌 Hyatt Regency Guam

주소 1155 Pale San Vitores Rd, Tamuning **위치** ❶T 갤러리아 맞은편 도보 3분 ❷더 플라자 건물에서 도보 2분 **홈페이지** www.guam.regency.hyatt.com **전화** 671-647-1234

빌딩이 가득한 투몬 베이에서 가장 많은 녹지 공간을 보유하고 있는 글로벌 호텔이다. 투몬 메인 거리가 끝나는 지점에 위치하며 전 객실 오션 뷰에 그치지 않고 다양한 부대시설이 바다를 바라보고 있어 아름다운 투몬 베이를 원 없이 즐길 수 있다. 글로벌 호텔 체인답게 매우 깔끔하고 고급스러운 내부 디자인과 높은 천장은 투숙객들에게 사랑받는 포인트 중 하나다. 세 군데로 구성돼 있는 수영장은 가족과 함께 여유롭게 수영을 즐길 수 있다. 수영장 근처에는 정원과 분수들이 배치돼 있어 가볍게 산책하기 좋고, 투몬 베이에 접해 있어 호텔에서 바로 해변으로 나가기 쉽다. 주로 가족 여행자들에게 사랑받는 이곳은 아이들을 위해 앵무새를 비롯한 각종 새를 만날 수 있는 새장이 있고, 캠프 하얏트라는 즐거움과 교육 목적 둘 다 충족하는 프로그램을 운영하고 있으니 아이를 동반한 가족 단위 여행객이라면 한 번쯤 고려해 볼 만하다. 참고로 아이 동반 여행객에게 가장 인기인 PIC와 비교하면 프로그램은 살짝 부족하지만 럭셔리 분위기만큼은 PIC가 따라올 수 없다.

멋진 해변에서 편안한 휴식을 위한 리조트

크라운 플라자 리조트 괌 Crowne Plaza Resort Guam

4성급

주소 801 Pale San Vitores Rd, Tumon **위치** ❶ T 갤러리아에서 도보 16분 ❷ T 갤러리아에서 무료 셔틀버스 5분 **홈페이지** guam.crowneplaza.com **전화** 671-646-5880

피에스타 리조트 괌이라는 이름으로 운영되다 2021년 3월에 리모델링 후 개관한 리조트다. 투몬 지역에 있는 다른 고층 호텔과는 달리 낮은 건물이지만 세련되고 깔끔한 현대적인 인테리어와 한가로이 푸른 바다를 감상하며 물놀이를 즐길 수 있는 푸른 잔디가 깔린 아름다운 해안가로 인기를 끌고 있다. 투몬 메인 거리에서 셔틀버스로 5분이라는 위치적 한계가 있음에도 성수기에는 방이 없을 정도로 인기인 이곳은 국내 여행객보다는 일본 여행객이 주를 이루는 곳으로 기대 이상의 서비스와 잘 관리된 룸에서 편안한 시간을 보낼 수 있다. 아쉬움이 있다면 위치 대비 다소 높은 가격대과 작은 규모의 야외 수영장이지만, 다소 복잡한 다른 리조트와 호텔에 비해 차분하고 한가로운 분위기에서 아름다운 괌 바다를 시작으로 편안한 휴식 시간을 보낼 수 있다.

가족 여행의 대명사로 자리 잡은 곳

PIC 괌 Pacific Islands Club Guam

4성급

주소 210 Pale San Vitores Rd, Tumon **위치** ❶T 갤러리아에서 도보 22분 ❷T 갤러리아에서 무료 셔틀버스 7분 **홈페이지** www.pic.co.kr **전화** 671-646-9171

아이를 동반한 여행자라면 가장 먼저 고려해 볼 만한 가족 리조트다. 괌에 위치한 리조트 중 가족 여행객이 선호하는 최고의 호텔로 손꼽히며, 4만여 평의 넓은 부지 안에 윈드서핑, 테니스, 양궁, 인공 수족관 체험 등 70여 가지의 액티비티를 즐길 수 있어 아이들에게는 최고의 리조트다. 오랜 시간 가족 여행자들의 니즈를 만족하는 PIC만의 서비스인 클럽 메이트 시스템은 언제 어디서든 아이들을 비롯한 숙박객이 불편하지 않도록 미소와 농담으로 손님들을 대응한다. 특히 아이들이 좋아하는 PIC 챌린지 프로그램이나 나눔 씨앗 클래스를 비롯한 에듀테인먼트Education+ Entertainment 프로그램은 만족도가 매우 높아 꼭 이용해 보길 추천한다. 리조트 내에서만 휴식을 즐겨도 부족함이 없는 서비스의 조력자 골드 카드는 PIC의 상징이라고 할 정도로 호텔 내에 있는 6개의 레스토랑을 마음대로 이용할 수 있는 카드다. 특히 만 2세부터 11세 이하의 자녀들과 동반하는 여행자는 자녀 카드까지 나오기 때문에 가족 여행자에게 특히 인기다.

한적한 위치와 다양한 호텔 내 시설을 겸비한 리조트

힐튼 괌 리조트 앤 스파 Hilton Guam Resort & Spa

4성급

주소 202 Hilton Rd, Tumon **위치** T 갤러리아에서 무료 셔틀버스로 10분 **홈페이지** www.hilton-guam.co.kr **전화** 671-646-1835

투몬 베이 남쪽 끝자리에 위치한 대형 규모의 리조트다. 운동 마니아에게는 최적의 리조트라 이야기될 정도로 괌 최대 규모이자 최고급 기구가 준비된 피트니스 센터인 웰니스 센터 Wellness Center를 비롯해 5개 코트로 이루어진 야외 테니스 클럽과 야외 수영장, 농구장을 비롯해 많은 스포츠 시설이 준비돼 있다. 5성급 호텔이 즐비한 투몬 거리에서 약간은 벗어나 한가로이 괌 바다와 휴식을 즐길 수 있는 곳으로, 글로벌 호텔 브랜드답게 편안한 서비스와 럭셔리한 분위기를 자랑한다. 부모님과 동행하는 아이들을 위한 요리 교실 등 다양한 체험 프로그램도 운영하고 호텔 크기에 비해 수영장 규모는 그리 크지 않지만 워터 슬라이드, 자쿠지까지 기본으로 갖추고 있다. 투몬 지역 다른 호텔과 비교하면 가격도 괜찮아서 사랑하는 연인이나 4세 미만 영유아를 동행한 가족 단위 여행객에게 가성비 좋은 호텔로 손꼽힌다.

여유로운 휴식과 멋진 일몰을 자랑하는 리조트

4성급

리가 로얄라구나 괌 리조트 RIHGA Royal Laguna Guam Resort

주소 470 Farenholt Ave, Tumon **위치** T 갤러리아에서 무료 셔틀버스 15분 **홈페이지** www.rihga-guam.com **전화** 671-646-2222

투몬 북단에 위치한 리조트로, 2022년 4월 쉐라톤에서 리가 로얄로 브랜드를 바꾸었다. 인피니티 풀에서 즐기는 환상적인 석양과 디너쇼는 이를 즐기기 위해 일부러 이곳에 머무는 단골들이 생길 정도로 탄성을 자아낸다. 호텔 내에 위치한 인피니티 풀과 수영장에서는 다양한 액티비티를 즐길 수 있고 호텔 옆 해변은 낚시 포인트와 서핑 포인트로 괌에서도 유명하다. 해안을 따라 걷는 산책로는 많이 알려져 있지 않지만 이른 아침이나 해가 질 때쯤 걷기 좋게 조성돼 있으며, 호텔 내부에 있는 앙사나 스파Angsana Spa에는 스파와 마사지로 유명한 반얀트리 호텔 마사지 스쿨을 수료한 전문 마사지사가 있어 한층 더 높은 수준의 마사지를 받을 수 있다. 호텔 1층에 위치한 로비 라운지 카페 더 포인트The Point는 황홀한 야경을 바라보며 먹을 수 있는 스타벅스 커피와 맛있는 수제 버거가 준비돼 있고, 투숙객이라면 1시간 동안 무료로 제공되는 카약을 이용하여 호텔 맞은편 알루팟 섬까지 돌아볼 수 있다.

워터 파크와 해수욕 그리고 액티비티를 한번에 즐길 수 있는 리조트

5성급

온워드 비치 리조트 Onward Beach Resort

주소 445 Governor Carlos G. Camacho Rd, Tumon **위치** ❶ 유료 버스 15분 ❷ 리가 로얄 라구나 괌 리조트에서 도보 7분 ❸ 공항에서 무료 셔틀버스 10분 **홈페이지** www.onwardguam.com **전화** 671-647-7777

투몬 베이 북쪽 하갓냐 베이를 메인 뷰로 운영 중인 리조트다. 괌 남부에 2개의 골프 클럽을 함께 운영하는 곳으로, 아름다운 석양을 볼 수 있어 유명하다. 투몬 지역에 있는 다른 호텔과 비교하면 위치도 애매하고 다소 평범해 보이는 로비와 룸 컨디션이 약간 아쉽지만 편의점, 코인 세탁실을 비롯해 스파, 면세점, 레스토랑 등 많은 부대시설이 있어 가족 단위 여행객이 주를 이룬다. 호텔 내부에는 투숙객이면 무료로 이용할 수 있는 제법 큰 규모의 워터 파크가 운영되고 있으며, 일식을 비롯해 전통 공연과 바비큐를 즐길 수 있는 야외 레스토랑, 24시간 상주하는 한국인 직원 안내 서비스까지 준비돼 있다. 인기 리조트이긴 하나 강력 추천하고 싶을 정도는 아니니 괌을 방문하는 기간 여러 호텔의 가격대를 살펴보고 다른 호텔 대비 가격대가 낮을 경우 고려해 보길 추천한다.

괌 GUAM 부록

여행 회화

기본 표현(차모로어)

안녕.	**Hafa Adai.** 하파데이.
안녕, 친구(가까운 사이).	**Hafa lai.** 하파라이.
안녕하세요(격식을 차릴 때).	**Hafa tatatmanu hao.** 하파 타탓마누 하우.
무슨 일이세요?	**Hafa?** 하파?
이름이 무엇입니까?	**Hayi na'an-mu?** 하이 나안-무?
안녕(헤어질 때).	**Adios.** 아디오스.
내일 봐요, 또 만나요.	**Esta agupa'.** 에스타 아구파.
감사합니다.	**Si Yu'us Maa'ase.** 시 쥬스 마아세.
부탁합니다.	**Pot Fabot.** 폿 파봇.

숫자

1	2	3	4	5	6	7	8	9	10
one	two	three	four	five	six	seven	eight	nine	ten

요일

월요일	화요일	수요일	목요일	금요일	토요일	일요일
Monday	Tuesday	Wednesday	Thursday	Friday	Saturday	Sunday

비행기 안에서

여권을 보여 주세요.	Your passport, please.
자리를 바꿔도 돼요?	Can I change my seat?
식사는 언제 나와요?	When will meals be served?
주스 하나 더 주세요.	One more juice, please.
베개와 담요를 주세요.	Can I have a pillow and a blanket.
입국 신고서를 한 장 더 주세요.	Can I have one more arrival card?

입국 심사

국적이 어디입니까?	What's your nationality?
한국입니다.	I'm from Korea.
어떤 목적으로 오셨습니까?	What's the purpose of your trip?
관광입니다.	For sightseeing.
얼마나 머무르실 겁니까?	How long will you stay?
어디에 머무르실 예정입니까?	Where are you going to stay?
호텔에 있을 겁니다.	I'm staying at a ○○ hotel.

수화물 찾기

수화물 찾는 곳이 어디예요?	Where is the baggage claim area?

제 짐이 없어졌어요.	My luggage is missing.
분실물 센터는 어디예요?	Where is the lost and found?
제 짐이 파손됐어요.	My luggage is broken.

세관 검사

세관 신고서 여기 있습니다.	Here is the customs declaration form.
신고할 것이 있어요?	Do you have anything to declare?
아무것도 없어요.	No, I don't.
외화는 얼마나 가지고 있어요?	How much foreign currency do you have?
오백 달러 정도 가지고 있어요.	I have about 500 dollars.

공항에서

안내소는 어디에 있어요?	Where is the information desk?
공중전화는 어디에 있어요?	Where can I find a pay phone?
공중화장실은 어디에 있어요?	Where are the public toilets?
시내로 들어가는 택시는 어디서 타요?	Where can I take a taxi downtown?
렌터카는 어디서 빌려요?	Where can I rent a car?
핸드폰을 빌릴 수 있는 곳은 어디예요?	Where can I borrow a cell phone?

교통

이 주소로 가 주세요.	Please take me to this address.
얼마예요?	How much is it?
제가 지금 있는 곳이 어디예요?	Where am I now?
걸어서 얼마나 걸려요?	How long does it take by foot?
늦었어요. 서둘러 주세요.	We're late. Hurry up, please.
입구에 내려 주세요.	Stop at the entrance.
여기에 세워 주세요.	Please stop here.
저기서 잠깐 서 주세요.	Please stop there for a minute.
트렁크를 열어 주시겠어요?	Could you open the trunk?
요금이 너무 많이 나왔어요.	The fare is way too much.

호텔에서

체크인은 어디서 하나요?	Where do I check in?
체크인하고 싶습니다.	I'd like to check in.
해변 쪽 방으로 주세요.	I'd like a room with a seaside view, please.
짐을 방까지 좀 부탁해요.	Could you bring my luggage up to the room?
아침 식사는 언제 할 수 있어요?	When do you serve breakfast?

내일 아침에 모닝콜을 부탁해요.	I'd like to request a wake-up call tomorrow.
제 방을 청소해 주세요.	My room needs to be cleaned, please.
다른 방으로 바꿔 주세요.	I'd like to change rooms, please.
수건을 더 주세요.	Could I have more towels?
방에 열쇠를 둔 채 문을 잠궜어요.	I've locked myself out and my key is in the room.

음식

예약할게요.	I'd like to make a reservation.
어린이가 있어요.	We have children.
자리 있어요?	Can we get a table?
일곱 시에 예약했어요.	I made a reservation at seven.
자리를 창가로 바꿔 주세요.	Could we change to a window seat?
조금 이따가 주문할게요.	Give us a little more time.
스테이크 2인분 주세요.	Two steaks, please.
이탈리안 드레싱으로 해 주세요.	I'll have the Italian dressing.
음식은 언제 나와요?	Will our food be long?
이거 리필해 주세요.	Could I get a refill, please?

차가운 것으로 주세요.	With ice, please.
냅킨을 주세요.	I need a napkin, please.
포장해 주세요.	To go, please.
여기를 좀 치워 주세요.	Could you clean this up?
계산서 주세요.	Check, please.
모두 얼마예요?	How much is it?
신용 카드로 해도 돼요?	Do you take credit cards?
쿠폰이 있어요.	I have a coupon.
계산이 잘못된 것 같아요. 이 금액은 뭐예요?	This isn't right. What's this for?
주스는 주문하지 않았어요.	I didn't order juice.

관광(기타 표현)

관광 안내소가 어디예요?	Where is the tourist information center?
관광 안내 책자 하나 주세요.	I want a guidebook for tourists.
무료 지도가 있어요?	Do you have a free map?
시내 지도를 하나 가져도 될까요?	Can I have a map of downtown?
관광 여행 프로그램이 있어요?	Do you have guided tours?

한국어 안내원이 있어요?	Do you have Korean guides?
이 여행 프로그램은 시간이 얼마나 걸려요?	How long does the tour program last?
이 도시의 관광 명소에는 어떤 것이 있어요?	What are the tourist attractions in this city?
근처에 구경할 만한 장소가 있어요?	What is there to see around here?
괌에서 가장 유명한 것은 뭐예요?	What's the most famous thing in Guam?
이 고장 특산물은 뭐예요?	What are local specialties here?
어떤 것이 가장 인기가 있어요?	What's most popular?
알차게 여행하는 방법을 알려 주세요.	How can I make the most of my trip?
호텔에서 마중해 주시겠어요?	Can you come to meet me at the hotel?
너무 재밌었어요.	It was really fun.
정말 어마어마하군요.	It's really magnificent.
장엄하네요.	It's magnificent.

찾아보기

관광

식당

카페

쇼핑

스파

나이트라이프

숙소

GOGIYO

Self Grill Restaurant

고기요
$50 이상 구매 시
$5 할인
$5 discount

투몬 베이 랍스터 앤 그릴
10% 할인
10% discount

햄브로스
10% 할인
10 % discount

잇 스트릿 그릴
10% 할인
10 % discount

PHR KOREA

더 포인트
20% 할인
20 % discount

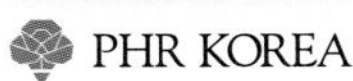

더 프레지던트 니폰
20% 할인
20 % discount

ANGSANA

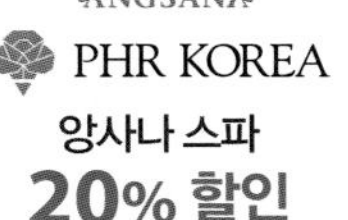

앙사나 스파
20% 할인
20 % discount

PHR KOREA

아일랜더 테라스 뷔페
런치, 브런치, 디너
15% 할인
15 % discount

유효 기간 ~2023. 5. 31.
Expires May 31, 2023

1. 다른 프로모션과 중복 불가
2. 가이드북의 쿠폰 제시

유효 기간 ~2023. 5. 31.
Expires May 31, 2023

1. 다른 프로모션과 중복 불가
2. 가이드북의 쿠폰 제시

유효 기간 ~2023. 4. 30.
Expires April 30, 2023

1. 다른 프로모션과 중복 불가
2. 알코올 음료 불포함
3. 가이드북의 쿠폰 제시

유효 기간 ~2023. 4. 30.
Expires April 30, 2023

1. 다른 프로모션과 중복 불가
2. 알코올 음료 불포함
3. 가이드북의 쿠폰 제시

유효 기간 ~2023. 5. 31.
Expires May 31, 2023

1. 최대 2인까지 적용
2. 다른 프로모션과 중복 불가
3. 가이드북의 쿠폰 제시

유효 기간 ~2023. 5. 31.
Expires May 31, 2023

1. 최대 2인까지 적용
2. 다른 프로모션과 중복 불가
3. 가이드북의 쿠폰 제시

유효 기간 ~2022. 12. 30.
Expires Dec 30, 2022

1. 1테이블에만 적용
2. 다른 프로모션과 중복 불가
3. 가이드북의 쿠폰 제시

유효 기간 ~2023. 5. 31.
Expires May 31, 2023

1. 최대 2인까지 적용
2. 다른 프로모션과 중복 불가
3. 가이드북의 쿠폰 제시